软件加工中心系列丛书

软件设计工程

主 编 舒红平 赵卓宁

副主编 刘 魁 魏培阳 魏 维

参 编 肖 辉 刘 寨 赵家坤 刘广昱 舒钟慧

西南交通大学出版社

·成 都·

图书在版编目（ＣＩＰ）数据

软件设计工程 / 舒红平，赵卓宁主编. —成都：
西南交通大学出版社，2020.9
（软件加工中心系列丛书）
ISBN 978-7-5643-7607-9

Ⅰ．①软… Ⅱ．①舒… ②赵… Ⅲ．①软件设计 – 高
等学校 – 教材 Ⅳ．①TP311.5

中国版本图书馆 CIP 数据核字（2020）第 166622 号

软件加工中心系列丛书

RuanJIan SheJi Gongcheng

软件设计工程

主　编／舒红平　赵卓宁

责任编辑／穆　丰
封面设计／曹天擎

西南交通大学出版社出版发行
（四川省成都市金牛区二环路北一段 111 号西南交通大学创新大厦 21 楼　610031）
发行部电话：028-87600564　　028-87600533
网址：http://www.xnjdcbs.com
印刷：四川森林印务有限责任公司

成品尺寸　185 mm×260 mm
印张　15.25　字数　327 千
版次　2020 年 9 月第 1 版　印次　2020 年 9 月第 1 次

书号　ISBN 978-7-5643-7607-9
定价　45.00 元

课件咨询电话：028-81435775
图书如有印装质量问题　本社负责退换

软件是人类认识客观世界的知识和实践经验，是在工程化活动中，通过思维创造和代码编写形成的兼具艺术性、科学性的工程制品。在支撑信息化蓝图实现中，软件是面向未来的，人们的想象力和创造力在定义未来软件使用场景；在驱动业务转型与增值中，软件又是面向现实的，软件需求和功能常常在现实约束中取舍和定型。

软件开发普遍存在干扰交付进度因素多、需求不易捕捉表达、软件质量保障难、软件维护成本高、文档与代码关系复杂、响应业务变更滞后等难题，导致软件行业至今尚未实现软件开发和加工的工业化模式。以智能数字化车间、"黑灯工厂"为特征的工业 4.0 时代，标准化工艺、模块化制造、自动化检测、协同化管控为核心的柔性智能加工制造模式，为软件自动化加工呈现了可借鉴的行业工程范式。

软件自动生成与智能服务四川省重点实验室总结了制造、气象等领域的软件开发项目实践经验，面向软件需求、设计、制造及测试运维一体化，借鉴制造业数字化加工能力和要求，以"核格（Hearken™）"软件开发平台与相关工具为载体，提出了核格软件加工中心（Hearken Software Processing Center，HKSPC）的概念、方法和体系框架。软件加工中心从成熟的软件开发技术和开发过程中提炼软件生产工艺，配置软件生成的工艺路径，通过加工标准化支撑软件自动生成工艺；以软件智能工厂为载体，将软件生产自动化工艺与流水线加工相融合，建立软件加工可视化、自动化生产流水线；以能力成熟度为准则，需求设计制造一体化方法论为指导，提供设计可视化、编码自动化、加工装配化、检测智能化的软件加工流水线支撑体系。

软件加工中心系列丛书面向软件生成过程标准化、制造过程自动化、测试运维智能化和共享服务生态化等软件业关注的问题，梳理知识体系、编制实验项目、探索实施路径，丛书为软件加工中心的建设，人员培训和业务开展，提供了必要的方法、技术和工具。系列丛书主要有：《软件需求工程》《软件设计工程》《软件制造工程》《软件测试工程》《软件实训工程》《软件项目管理》等。

本系列丛书阐述了需求设计制造一体化的软件加工中心方法论，以"正向可推导、反向可追溯"的软件过程逻辑关联原则，通过转移跟踪矩阵实现软件加工过程基于模型驱动的加工生产与质量检测。从需求工程的角度，构建可视化建模及所见即所得人机交互体验环境，实现业务需求理解和表达的统一性，解决需求变更频繁的问题；从设计工程的角度，集成国际国内软件工程标准及基于服务的软件设计框架，实现软件架构标准及设计方法的规范性，解决过程一致性不够的问题；从制造工程的角度，采用分布式微服务编排及构件服务装配的方法，实现开发模式及构件复用的灵活性，解决复用性程度不高的问题；从测试工程的角度，搭建自动化脚本执行引擎及基于规则的软件运行环境，实现缺陷发现及质量保障的可靠性，解决质量难以保障的问题；从工程管理的角度，设计软件加工过程看板及资源全景管控模式，实现过程管控及资源配置的高效性，解决项目管控能力不足的问题。

　　本系列丛书编写工作，由软件自动生成与智能服务四川省重点实验室的依托单位成都信息工程大学和成都淞幸科技有限责任公司提供了科研和技术支持。丛书可作为软件加工中心专业技术培训教材使用，也可作为高校计算机和软件工程相关专业本科生或研究生、软件公司管理人员或工程师、企业信息化工程管理人员学习和工作参考书籍。

软件自动生成与智能服务四川省重点实验室主任

舒红平

2019 年 5 月

前言 PREFACE

　　信息化的建设、发展及技术应用水平是国家综合国力的体现，甚至在一定程度上决定了国家的竞争地位。因此，持续提升和推进软件产业的发展，已经成为信息化发展的核心。软件设计作为软件开发中一个重要环节，既是对需求工程的有效体现，即业务需求转换为信息化系统的关键部分，也是开发能否按时实施的有效保障。由此可见，软件设计工程在整个软件生产过程中起到了承上启下的作用。因此，为了能够把软件做好，就必须重视软件设计过程，本书编写人员在研究和总结大量信息化系统建设经验的基础上，提出了一套通用性强的软件设计工程方法，并通过案例进行阐述。

　　本书共分 6 章，第 1 章主要介绍软件设计工程概述，通过对软件发展过程中存在问题的描述，引出软件加工中心的概念；第 2 章主要介绍进行服务化设计需要具备的前提知识，这也是软件加工中心进行系统设计的核心理念；第 3 章主要讲述软件设计的过程以及与上下游工程的推导关系，主要从如何对接需求工程，如何进行服务化设计和开发以及如何进行制造工程的推导等几个方面进行阐述；第 4 章主要讲述软件设计的具体实施过程，重点突出软件服务化设计的思想，同时讲述了微服务设计应用过程；第 5 章主要讲述非功能性设计，集中在较为关心的安全性设计和性能指标设计方面；第 6 章主要是对软件设计工程的展望，在基于软件加工中心的基础上结合当前大数据、云计算等信息技术讨论如何在下一步实现设计的智能化和自动化的设想。

　　本书由成都信息工程大学舒红平教授、赵卓宁教授担任主编，刘魁、魏培阳、魏维担任副主编，研究生赵家坤、舒钟慧同学参与资料收集、图形绘制等工作，同时该书得到了成都淞幸科技有限责任公司肖辉、刘寨、刘广昱等员工的帮助。其中，舒红平编写第 1、6 章，魏培阳编写第 2 章，魏维编写第 3 章，刘魁编写第 4 章，赵卓宁编写第 5 章。全书由舒红平、刘魁确定编写内容和整体结构，魏培阳负责全书的统稿工作。

本书通过一个综合案例实现软件设计工程方法的贯穿，讲解通俗易懂，既适合有经验的软件工作者作为参考，又适合广大计算机用户自学；同时本书还可作为高等院校计算机专业本科生软件设计课程的教材。

限于编者水平，本书难免有疏漏和不足之处，恳请有关专家和读者批评指正，并希望将意见、建议和体会反馈，以便再版修订时参考。编者邮箱：shp@cuit.edu.cn。

编　者
2020 年 7 月

目录 CONTENTS

1 软件设计概述

软件设计工程是软件工程领域的重要分支，是软件工程全生命周期中重要阶段性工作。在实际的软件项目中，软件设计质量的好坏会对整个软件项目的成败产生直接影响。因此，软件设计工程正受到业界越来越多的关注。本章讲述了软件设计的发展过程以及软件产业的发展趋势，并由此引出了软件加工中心的概念。

1.1 软件设计的主要方法

软件设计有 6 个主要方法：结构化设计、功能分解、结构化分析与设计、以数据为中心的设计方法、面向对象的设计方法、面向服务的设计方法。

1. 结构化设计

结构化设计方法始于 20 世纪 60 年代后期，典型的代表是将 goto 语句从软件中驱逐出来，其动机就是改进软件源码的结构，增加软件的鲁棒性和可靠性。但随着系统复杂度的提高，单独使用结构化方法并不能保证软件的质量。并且尽管使用了结构化方法，开发出来的软件依然难以理解和使用，于是导致了功能分解方法的出现。

2. 功能分解方法

功能分解（Functional decomposition，FD）方法是一个过程方法，将要实现的最终系统分解成一系列逐步细化的概念化的模块。概念之间的关系用结构图来表示。FD 通常在面向过程的 paradigm（范例）中使用。这些系统的概念模块是以面向过程的方式定义的，每一个模块代表一个过程或者子过程，FD 的目标提供一种方法通过抽象来逐步求精地理解系统，其开发的产品具有良好的结构，系统的概念模型和表示与源代码的结构是一致的。这种方法现在依然在使用，但结构图已经不能提供足够的信息来保证可以得到一个结构良好、准确的解决方案了。为了增加一些必要的信息，出现了结构化分析与设计方法。

3. 结构化分析与设计方法

结构化分析与设计方法（Structured Analysis and Design，SAD）的出现标志着第一个软件工程方法的诞生。它用一组技术共同来表示整个软件开发的过程。SAD 基于 FD，并进一步用抽象的技术来产生模块化的输出。随着 SAD 的引入，最终实现的系统交付变成一系列的里程碑而不仅仅是一个里程碑，分析要解决的问题以及解决办法的设计都被认为是软件开发过程的重要步骤。

4. 以数据为中心的设计方法

以数据为中心的设计方法的贡献是在结构化分析中扩充了数据模型，其目的是确定整个组织的数据需求，创建一个中心的、集成的数据库，独立于应用程序开发并满足其从中心数据库取数据。数据模型用 ER（Entity Relational，实体关系）模型表示，ER 最初的目的是为关系数据库的设计，建立了数据模型之后，应用程序的开发就可以用结构化的分析与设计来关注中心数据库的数据。

5. 面向对象的设计方法

面向对象的设计方法是软件工程方法的又一次飞跃。对象是一个具有一组状态的实体，并封装了附加于这些状态的操作。状态描述了对象的属性或特征，操作描述了对象改变其状态的方法以及该对象为其他对象所提供的服务。面向对象方法认为，人类生活在一个由对象组成的世界中，对象可以被归类描述组织组合创建和操纵。面向对象方法是一种模型化世界的抽象方法，结构上具有良好的高内聚低耦合特性。采用面向对象技术设计和开发的软件系统更易于维护，在对系统进行修改时，能够产生较少的副作用。同时，面向对象技术提出了类、继承、接口等概念，从而为对象的复用提供了良好的支持机制，因而采用面向对象技术对软件产品进行设计和开发，也能够有效地提高软件组织的开发效率。

6. 面向服务的设计方法

面向服务的设计方法是软件发展过程中的一大进步，其更强调一种松耦合的关系，以提高应用系统的灵活性，使企业在业务发生变化时能够迅速调整服务，以适应新的业务。面向服务的设计提供了标准的、开放的接口，而组件则为私有的接口。面向服务的设计使用标准的消息通信协议，而组件则使用私有的 RPC（Remote Procedure Call，远程程序调用）协议。面向服务的设计使用的通信消息是结构化的，和组件之间纯粹的数据交换相比，更复杂、更强大，甚至能传输元信息。使用面向服务设计的系统，有更高的灵活性和更强的可扩展性，和业务对齐，能更好地满足企业的需求。

组件的定义为：组件是对数据和方法的简单封装，组件可以有自己的属性和方法。属性是组件数据的简单访问者，方法是组件的一些简单而可见的功能。使用组件可以实现拖放式编程、快速的属性处理以及真正的面向对象的设计。

1.2　软件设计工程发展概述

1. 相关技术发展趋势

随着计算机、通信、消费类电子产品的互相渗透，三网融合必然对软件产品的开发和软件服务模式的发展产生深刻而巨大的影响。网络化软件正成为研究和投资的热点，是软件产业的重要组成部分。在各种软件中，系统软件是核心。近年来，系统软件已由 16 位、32 位虚拟地址向 64 位虚拟地址过渡，并正在向满足互联网接入方面发展。Linux 是首先执行 TCP/IP 协议的操作系统之一，它引领自由软件迅速崛起。

应用软件是软件中发展最快的、最具有活力的一部分。随着计算机应用的扩展，它涉及的领域越来越广，其中最引人注目的是基于 Java 平台和数据仓库环境下的应用软件。

在支撑软件方面，组件技术是一种新的软件开发技术，它既能提供预定义的功能，又能快速实现复杂的特殊功能，极大地提高了软件产业的生产效率。

在网络软件方面，WWW 软件推动了互联网高速发展。随后采用 WWW 和 HTML 标准开发的新型用户界面浏览器走上历史舞台。

2. 全球整体 IT（信息技术）投入增长将推动软件服务业的增长

在服务业与制造业融合发展的趋势下，信息化浪潮在推动 IT 投入增长的同时，将大幅度推动软件产业，尤其是软件服务业的发展。

应用管理、软件实施支持服务和商务过程管理与商务过程外包将是未来软件服务业增长的主要领域，尤其是面向特定行业应用（软件服务的行业渗透）的信息系统整合、知识管理、资料存储将对软件服务业的增长带来强劲的拉动力。

3. 网络服务正在改变软件开发动向与促使服务模式变革

网络服务正在改变软件服务的商业模式，系统软件与互联网、局域网的整合应用将解决传统软件多平台服务模式下兼容性差所带来的一系列问题，网络服务正在成为软件服务业发展的巨大推动力，这一推动表现在技术革新、商务模式、收入增长三方面。

成熟的软件产品市场的增长幅度越来越有限，而服务越来越成为软件产业的基本特征，为此很多软件公司开始转向服务供应。

4．企业用户更加趋向于定制解决方案应用与服务

企业用户在软件方面的需求将从产品购买模式向整体解决方案购买模式过渡。在具体需求方面，将突出表现在以下两点：一是大型企业用户的投资更加务实，更加注重信息化资源整合，对高端数据管理、系统的灾备管理及基于网格应用的系统管理等软件需求出现增长；二是政府职能转变与IT应用相辅相成，电子政务的推进促使政府部门逐渐向"服务政府""透明政府""效能政府"转变，政府对于信息安全解决方案的需求将迅速放大。

5．应用软件的行业渗透趋势将加强

行业应用软件在软件产品市场中占据了最大的比重，并将是软件行业发展的重要动力。未来几年，传统产业改造升级以及行业信息化发展步伐的加快，将对行业应用软件产生巨大的需求。从经济发展的角度来看，传统产业改造将为应用软件的发展创造良好的市场条件。同时，具有一定品牌和市场优势的软件企业也为行业应用软件发展奠定了良好的基础。因此，应用软件企业将会拓展产品领域，在重点发展金融、电信、政府、教育、能源等行业应用软件的同时，全方位打造数条纵向产业链，如机械电器、石油化工、纺织服装、食品饮料、建筑材料、医药化工、汽车等行业应用软件，以形成行业竞争的新优势。

1.3　软件设计工业化：软件加工中心

软件是一套成体系的元素及对象，它包括文档、程序和数据。其中，文档是指与程序开发、维护、使用有关的图文资料；程序是指能够完成预定功能和性能的可执行指令；数据是指所有能输入到计算机并被计算机程序处理的符号介质的总称，是用于输入电子计算机进行处理，具有一定意义的数字、字母、符号和模拟量等的通称。

软件具有以下特点：

（1）几乎每个软件项目都是新的：新的需求、新的技术、新的部署方式等。

（2）每个项目都是在不断变化的：只有"变化"是不变的。

（3）软件项目风险很大：据统计真正按期、按预算完成的不到20%。

（4）软件项目通常是团队活动：人多不一定力量更大。

（5）软件相当复杂、昂贵，其价值无法精确量化：用户往往觉得软件是很好修改的东西。

面对软件的这些特点，在进行软件开发时经常会遇到以下问题：

1. 需求把控能力不足

需求在项目过程中无法有效锁定；
需求采集人员调研需求能力不足；
客户并不知道自己真正需要什么。

2. 系统设计能力欠缺

设计脆弱，单一改动牵连面广；
过度设计，带来不必要的复杂性；
设计僵化，功能复用率低。

3. 程序代码质量不高

程序员各自为战，缺乏分工合作；
代码规范程度低，代码移交困难；
代码重复率高，相同功能开发很多次。

4. 软件过程管理流于形式

没有规范和切实可行的管理体系，过程管理无章可循，仅凭个人经验实施；
"没事做"和"做不了"的现象并存。

5. 计划执行控制不力

项目管理计划粗略；
开发计划不充分；
项目管理过程随心所欲。

6. 质量保证体系薄弱

项目没有统一的代码测试方法和路径，开发人员自己测试后就能上线；
项目差错率居高不下，客户充当测试人员。

为了解决软件的以上这些问题，我们结合软件产业发展趋势并借鉴制造业的先进制造方法提出了一套以业务场景为中心、以服务装配为核心、以可视化平台为载体、以自动化测试为主线、以自动化部署为目标的软件加工中心理念。

图 1-1 所示为软件加工中心的总体架构图。

系统设计是在需求分析提供的基础上，对软件需求进行分析以形成软件内部结构的描述说明的活动之一。它在软件加工中心中处于软件需求分析与软件项目开发之间，处在一个承上启下的重要位置。

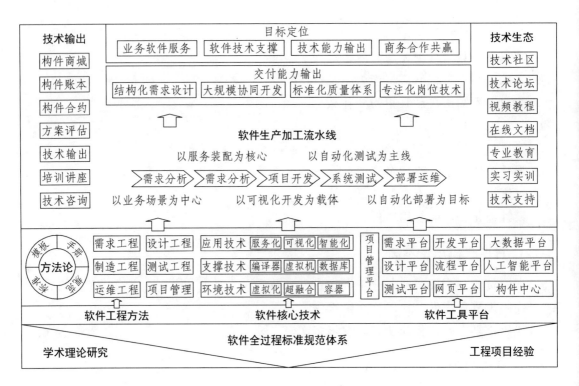

图 1-1　软件加工中心总体架构图

1.4　小　结

本章主要介绍了软件设计发展历史以及软件产业的发展趋势并且由此引出了软件加工中心的概念，接下来将要介绍软件加工中心的核心体系架构——SOA 体系架构。

2 软件架构及其设计模式

上一章节引出了软件加工中心的概念，本章将会对软件加工中心的核心体系架构 SOA 进行介绍。

2.1 SOA 简介

2.1.1 SOA 架构

SOA 是英文 "Service Oriented Architecture" 的缩写，中文有多种翻译，如 "面向服务的体系结构" "以服务为中心的体系结构" 和 "面向服务的架构"，其中 "面向服务的架构" 比较常见。SOA 有很多定义，但基本上可以分为两类：一类认为 SOA 主要是一种架构风格；另一类认为 SOA 是包含运行环境、编程模型、架构风格和相关方法论等在内的一整套新的分布式软件系统构造方法和环境，涵盖服务的整个生命周期：建模→开发→整合部署→运行→管理。后者概括的范围更大，着眼于未来的发展，我们更倾向于后者，认为 SOA 是分布式软件系统构造方法和环境的新发展阶段。

在 SOA 架构风格中，服务是最核心的抽象手段，业务被划分为一系列粗粒度的业务服务和业务流程。业务服务相对独立、自包含、可重用，由一个或者多个分布的系统所实现，而业务流程由服务组装而来。一个 "服务" 定义了一个与业务功能或业务数据相关的接口，以及约束这个接口的契约，如服务质量要求、业务规则、安全性要求、法律法规的遵循、关键业绩指标（Key Performance Indicator，KPI）等。接口和契约采用中立、基于标准的方式进行定义，它独立于实现服务的硬件平台、操作系统和编程语言。这使得构建在不同系统中的服务可以以一种统一的和通用的方式进行交互、相互理解。除了这种不依赖于特定技术的中立特性，通过服务注册库（Service Registry）加上企业服务总线（Enterprise Service Bus）来支持动态查询、定位、路由和中介（Mediation）的能力，使得服务之间的交互是动态的，位置是透明的。技术和位置的透明性，使得服务的请求者和提供者之间高度解耦。这种松耦合系统的好处有两点：一点是它适应变化的灵活性；另一点是当某个服务的内部结构和实现逐渐发生改变时，不影响其他服务。而紧耦合则是指应用程序的不同组件之间的接口与其功能和结构是紧密相连的，当发生变化时，某一部分的调整会随着各种紧耦合的关系引起其他部分甚至整个应用程序的更改，这样的系统架构就很脆弱了。

SOA架构带来的另一个重要观点是业务驱动IT（信息技术），即IT和业务更加紧密地对齐。以粗粒度的业务服务为基础来对业务建模，会产生更加简洁的业务和系统视图；以服务为基础来实现的IT系统更灵活、更易于重用，能更好地应对变化；以服务为基础，通过显式地定义、描述、实现和管理业务层次粗粒度服务（包括业务流程），提供了业务模型和相关实现之间更好的"可追溯性"，减小了它们之间的差距，使得业务的变化更容易传递到IT。

因此，可以将SOA的主要优点概括为：IT能够更好、更快地提供业务价值（Business Centric）、快速应变能力（Flexibility）、重用（Reusability）。

从演变的历程来看，SOA在很多年前就被提出来了，现在SOA的再现和流行是若干因素的结合。一方面是多年的软件工程发展和实践所积累的经验方法和各种设计/架构模式，包括OO（Object Oriented，面向对象）、CBD（Component-Based Development，基于构件的开发）、MDD（Model-driven development，模型驱动开发）、MDA（Model Driven Architecture，模型驱动架构）、EAI（Enterprise Application Integration，企业应用集成）和中间件；另方面是互联网的多年发展带来前所未有的分布式系统的交互能力和标准化基础。与此同时，企业越来越重视业务模型本身的组件化，以支持高度灵活的业务战略。但是现有的企业软件架构不够灵活，难以适应日益复杂的企业整合，并难以满足随需应变商务的需要，因此与业务对齐、以业务的敏捷应变能力为首要目标、松散耦合、支持重用的SOA架构方法得到青睐。

基于我们同客户交流的经验，有必要在这里澄清大家经常混淆的几个基本问题：

（1）SOA是架构风格，是一种软件架构的方法，而不是具体架构具体实现技术（如Web Service）、具体架构元素（如企业服务总线，Enterprise Service Bus，ESB）。

（2）SOA的首要目标是IT与业务对齐，支持业务的快速变化；其次是IT架构的灵活性和IT资产的重用。

（3）在工程上，SOA的重点是服务建模和基于SOA的设计原则进行架构决策和设计。

2.1.2　SOA的特点

对于面向同步和异步应用的、基于请求/响应模式的分布式计算来说，SOA是一场革命。一个应用程序的业务逻辑（business logic）或某些单独的功能被模块化并作为服务呈现给消费者或客户端。这些服务的关键是它们的松耦合特性。例如，服务的接口和实现相独立。应用开发人员或者系统集成者可以通过组合一个或多个服务来构建应用，而无须理解服务的底层实现。举例来说，一个服务可以用.NET或J2EE来实现，而使用该服务的应用程序可以在不同的平台之上，使用的语言也可以不同。

SOA 有以下特性：

SOA 服务具有平台独立的自我描述 XML 文档。Web 服务描述语言（Web Services Description Language，WSDL）是用于描述服务的标准语言。

SOA 服务用消息进行通信，该消息通常使用 XML Schema 来定义（也叫作 XSD，XML Schema Definition）。消费者和提供者或消费者和服务之间的通信多处于不知道提供者的环境中。服务间的通信也可以看作企业内部处理的关键商业文档。

在一个企业内部，SOA 服务通过一个扮演目录列表（directory listing）角色的登记处（Registry）来进行维护。应用程序在登记处寻找并调用某项服务。统一描述、定义和集成（Universal Description，Definition，and Integration，UDDI）是服务登记的标准。

每项 SOA 服务都有一个与之相关的服务品质（Quality of Service，QoS）。QoS 的一些关键元素有安全需求（如认证和授权）、可靠通信以及谁能调用服务的策略。

为什么选择 SOA?

不同种类的操作系统、应用软件、系统软件和应用基础结构（application infrastructure）相互交织，这便是 IT 企业的现状。一些现存的应用程序会被用来处理当前的业务流程（business processes），因此从头建立一个新的基础环境是不可能的。企业应该能对业务的变化做出快速反应，利用对现有的应用程序和应用基础结构（application infrastructure）的投资来解决新的业务需求，为客户、商业伙伴和供应商提供新的互动渠道，并呈现一个可以支持有机业务（organic business）的构架。SOA 凭借其松耦合的特性，使得企业可以按照模块化的方式来添加新服务或更新现有服务，以解决新的业务需要；提供选择，从而可以通过不同的渠道提供服务；并可以把企业现有的或已有的应用作为服务，从而保护了现有的 IT 基础建设投资。

SOA 的概念并非什么新东西，SOA 不同于现有的分布式技术之处在于大多数软件商接受它并有可以实现 SOA 的平台或应用程序。SOA 伴随着无处不在的标准，为企业的现有资产或投资带来了更好的重用性；SOA 能够在最新的和现有的应用之上创建应用；SOA 能够使客户或服务消费者免于服务实现的改变所带来的影响；SOA 能够升级单个服务或服务消费者无须重写整个应用，也无须保留已经不再适用于新需求的现有系统。总而言之，SOA 以借助现有的应用来组合产生新服务的敏捷方式，提供给企业更好的灵活性来构建应用程序和业务流程。

2.1.3 技术实现

1. Dubbo

Dubbo 是阿里巴巴集团的一个分布式服务框架,致力于提供高性能和透明化的 RPC 远程服务调用方案，以及 SOA 服务治理方案。阿里巴巴的许多应用就是采用 Dubbo,该技术运行稳定可靠。现在，不少企业采用 Dubbo 开发应用系统。Dubbo 是简单有效的 SOA 架构，值得采用。

相比于其他服务框架，Dubbo 有如下优势：

（1）透明化的远程方法调用，就像调用本地方法一样调用远程方法，只需简单配置，没有任何 API（应用程序接口）侵入；

（2）软负载均衡及容错机制，可在内网替代 F5 等硬件负载均衡器，降低成本，减少单点；

（3）服务自动注册与发现，注册中心基于接口名查询服务提供者的 IP 地址，并且能够平滑添加或删除服务提供者。

其核心部分包含：

（1）远程通信：提供多种基于长连接的 NIO（同步非阻塞输入输出）框架抽象封装，包括多种线程模型，序列化，以及"请求-响应"模式的信息交换方式。

（2）集群容错：提供基于接口方法的透明远程过程调用，包括多协议支持，以及软负载均衡、失败容错、地址路由、动态配置等集群支持。

（3）自动发现：基于注册中心目录服务，使服务消费方能动态地查找服务提供方，使地址透明，使服务提供方可以平滑增加或减少服务器。

2. CXF

Apache CXF 是一个开源的 Web Service 框架，CXF 利用 Frontend（前端）编程 API 来构建和开发 Web Service，如 JAX-WS。这些 Web Service 可以支持多种协议，比如 SOAP、XML/HTTP、RESTful HTTP 或者 CORBA，并且可以在多种传输协议上运行，比如 HTTP、JMS 或者 JBI。CXF 大大简化了 Service 的创建，同时它继承了 XFire 传统，一样可以天然地和 Spring 进行无缝集成。

CXF 包含了大量的功能特性，但是主要集中在以下几个方面：

（1）支持 Web Services 标准。CXF 支持多种 Web Service 标准，包含 SOAP、BasicProfile、WS-Addressing、WS-Policy、WS-ReliableMessaging 和 WS-Security。

（2）CXF 支持多种"Frontend"编程模型，CXF 实现了 JAX-WS API（遵循 JAX-WS 2.0 TCK 版本），它也包含一个 Simple Frontend 允许客户端和 EndPoint 的创建，而不需要 Annotation 注解。

（3）CXF 既支持 WSDL 优先开发，也支持从 Java 的代码优先开发模式。CXF 设计得更加直观与容易使用。有大量简单的 API 用来快速地构建代码优先的 Service，各种 Maven 的插件也使集成更加容易，支持 JAX-WS API，支持 Spring 2.0 更加简化的 XML 配置方式，等等。

（4）支持二进制和遗留协议：CXF 的设计是一种可插拔的架构，既可以支持 XML，也可以支持非 XML 的类型绑定，比如 JSON 和 CORBA。

3. Tuscany

Tuscany 是 SCA（Service Component Architecture，服务组件架构）规范推荐的一个 SOA 开源实现，共分为三部分：

（1）SCA 的开源实现，实现服务的整合

（2）SDO（Service Data Objects，服务数据对象）的开源实现，实现数据的整合；

（3）DAS（数据访问服务），提供 SDO 到关系数据库的接口服务。

这三部分分别提供 Java 和 C++两种技术实现。

Tuscany 的 Java 实现最初版本在 IBM 的 WPS 里完成并获得很大成功。之后 IBM 和其他厂商共同提交了 SCA 规范，并将实现源码捐献给了 Apache 开源基金会。

2.2 Tuscany 简介

Tuscany 是 SOA 的一个常见的技术实现，本节将对 Tuscany 进行详细介绍。

2.2.1 SCA

1. SCA 编程模型

SCA 是一个用于构建 SOA 应用和解决方案的编程模型。它的基本思想是，业务功能总是由一系列的服务组成的，这些服务装配在一起就构成了能满足一定商业需求的应用和解决方案。而这些服务既包含专门为该应用创建的新服务，也包含来自既有系统和应用的可重用业务功能。SCA 的目标是为这种基于服务的系统建立一个简单的模型。

在 SCA 模型中，如何创建服务以及如何装配和组合各种服务是关键所在。SCA 定义了一系列 Artifact 来表达系统中的紧耦合和松耦合服务，以及这些服务之间的组合，此外还定义了一个框架来将诸如安全和事务的服务质量（Quality of Service，QoS）功能应用到服务和服务的交互上。

SCA 最基本的 Artifact 是组件（Component），这是系统的构成单元，也是提供服务的基本单元。一个 SCA 组件由四部分构成，如图 2-1 所示。

服务（Services）：表示由本组件提供给其他组件使用的业务功能；

实现（Implementation）：这里的实现是指提供了特定业务功能的代码段；

属性（Properties）：这是一些影响业务功能的属性值，可以通过设置这些属性值对实现进行配置；

引用（References）：表示本组件的实现所依赖的由其他组件提供的服务。

另一个重要的 Artifact 是构件（Composite）。构件描述了一个 SCA 应用的内容以及不同 SCA 应用之间的连接，也就是如何装配和组合各种组件使之构成一个完整的解决方案。一个构件由若干组件组合而成，这些组件之间通过连线（WIRE）相互连接。构件通过提升（Promote）内部组件的服务、引用和属性来形成自己的服务、引用和属性。一个服务是以接口（Interface）的方式提供的，比如 Java 接口和 WSDL 端口类型。而一个服务的访问方式是用绑定（Binding）来描述的，比如 Web 服务绑定表示可以用 Web 服务的方式来调用这个服务。类似地，引用也通过绑定和接口去调用它所依赖的服务。

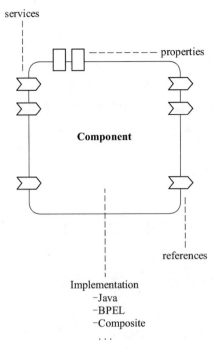

图 2-1　SCA 组件

2. SCA 组件

在 SCA 模型中，组件是业务功能的基本元素，通过构件被组合成为完整的商业解决方案。组件是服务的提供者，同时由于组件的实现可能依赖其他服务，所以组件可能是服务的消费者。SCA 组件整体包含以下几个方面。

1）组件的实现

每个组件都具有一定的业务功能，这些功能的具体实现是由组件的实现来完成的，包括实现类型、组件类型、实现实例、组件类型文件等。

实现类型：每一个具体的实现都属于某种实现类型。一种实现类型代表了一种特定的实现技术，这里的技术不单指实现语言，还包括底层的框架和运行时的环境。

组件类型：实现声明器的服务、引用、属性以及特性定义的方式取决于组件具体的编辑语言实现类型，比如 Java 实现可以用标记直接在代码中声明服务、引用和属性信息。

实现实例：指一个实现的运行时实例，其形态取决于所使用的实现技术。实现实例的业务逻辑来自实现，但其属性和引用值来自这个实例所对应的组件。

组件类型文件：描述了一个组件的实现内容的配置文件，主要包括组件提供的服务信息、外部组件引用信息、组件属性内容、组件相关元素及其关系等。

2）组件中的接口

前面提到，组件的服务是以接口（Interface）的方式提供的，同时组件的引用也是通过接口去调用所依赖的服务。所以在介绍服务和引用之前，需要先了解接口的概念。

接口是用来定义业务功能的，一个服务只能提供一个接口。与要定义的业务功能相对应，一个接口可以定义一到多个服务操作（Operation）。每个操作可以有一个请求（输入）消息和一个响应（输出）消息，也可以没有。请求和响应消息可以是简单类型（如 string），也可以是复杂类型。

目前 SCA 支持三种接口：Java 接口、WSDL1.1 端口类型和 WSDL2.0 接口。SCA 也支持扩展的接口类型，可以通过 SCA 的扩展机制支持新的接口。

3）组件中的绑定

与接口类似，绑定（Binding）也是在组件的服务和引用中用到的一个重要概念，需要在介绍服务和引用之前了解清楚。

绑定是访问服务所使用的方式，在 SCA 中主要用在服务和引用里。服务中的绑定表示该服务的客户端调用该服务时需要使用的访问机制，而引用中的绑定表示该引用调用其他服务时所使用的访问机制。

SCA 支持使用多种不同的绑定类型，比如 SCA 服务、Web 服务、无状态会话 bean、数据库存储过程、ES 服务等。SCA 运行时至少必须支持 SCA 服务绑定和 Web 服务绑定，另外还可以通过 SCA 提供的扩展机制支持更多的绑定类型。

4）组件中的服务

组件的服务描述了这个组件对外提供的业务功能。通常一个组件会有若干服务，每个服务包括一个接口（Interface）和若干绑定（Binding），接口描述了该服务提供的操作（Operation），而绑定则描述了该服务的访问方式。

组件的所有服务都是由组件的实现提供的，所以组件服务的接口必须是实现中相应服务接口的一个子集（和实现接口完全相同，也属于这种情况），但组件服务的绑定可以覆盖实现中相应服务的绑定。如果一个组件服务没有定义接口或绑定，那么 SCA 运行时会默认使用组件实现中相应服务的接口或绑定。此外，在组件服务中可能定义了一些 QoS 需求和能力，这时，在组件服务和组件实现的相应服务中定义的所有 QoS 需求，都会对组件服务起作用。

5）组件的引用

组件的引用描述了这个组件所依赖的外部服务。一个组件可能有若干引用，每个引用包括一个接口和若干绑定，接口描述了该引用需要调用的操作，而绑定描述了该引用调用外部服务时使用的访问方式。

和组件的服务类似，组件的所有引用都是由组件的实现定义的，所以引用的接口必须是组件实现中相应引用接口的一个子集（包含和实现接口完全相同的情况），而引用的绑定则可以覆盖实现中的相应定义，此外在组件引用和组件实现的相应引用中定义的所有 QoS 需求，都会对组件引用起作用。

6）组件的属性

组件的属性用于配置这个组件的实现的属性，进而影响实现的行为。一个组件可能有若干属性，这些属性及其类型都是由组件的实现定义的。组件属性是在组件所属构件的 Composite 文件中用 Property 元素定义的。

3. SCA 构件

SCA 构件按照一定的逻辑划分对 SCA 组件进行分组和装配，是 SCA 域中的基本组合单元。一个构件包含若干组件、服务、引用和属性，构件的业务逻辑包含在其组件的实现中，构件的服务定义了构件对外提供的服务，构件的引用代表构件对外部其他服务的依赖，属性则是构件的可配置数据。在构件内部，组件服务和组件引用之间通过 Wire 进行连接。

构件的服务是通过提升（Promote）构件内部某个组件的某个服务而成的，也就是说，构件的服务实际上是由内部某个组件提供的。类似地，构件的引用是通过提升内部某些组件的某些引用而成的。多个组件引用可以被提升成同一个构件引用，前提是这些引用相互兼容。被提升成同一个构件引用的组件引用具有相同的配置，包括相同的目标服务。组件的服务和引用在被提升成为构件的服务和引用的同时，在构件内部还会维持原有的连接状态。

构件的服务和引用可以使用所提升服务和引用的相关配置，比如绑定和策略集。或者，构件也可以重新设计其中的部分或全部配置信息。

构件可以是另一个更高层次的构件中某个组件的实现，也可以说，一个高层的构件可能是由若干低层的构件实现的。

2.2.2　SDO

就像 Web 服务与 SOAP 的关系一样，SCA 还有一个亲密伙伴——SDO（Service Data Objects，服务数据对象）。作为伙伴，两者互补，并相互协作。SCA 关注服务的整合，在服务整合里，数据的整合是关键。

SDO 的目的是把开发人员从处理数据的底层技术中解放出来，从而更关注业务逻辑。放在 SOA 的大框架下，SCA 关注服务，不同的服务用一致的方式来使用，并可以用一致的方式来构建：BPEL（Business Process Execution Language，业务流程执行语言）关注流程，把各个服务按需要串起来；SDO 关注数据，数据整合在 SDO 之下，这样 SDO 数据就可以像血液一样，在 BPEL 流程里无阻碍地流动。

服务整合的目的是流程的整合。真正的商业流程是一系列的、各种类型的服务的调用，业务逻辑也反映在商业流程中。当一系列服务汇入流程的时候，应该尽可能地把技术细节屏蔽掉，不能让技术细节干扰了业务逻辑的编写。

2.3　设计模式

2.3.1　概述

设计模式（Design Pattern）是一套被反复使用、多数人知晓的、经过分类编目的、代码设计经验的总结。使用设计模式是为了可重用代码，让代码更容易被他人理解，并保证代码的可靠性。设计模式使代码编制真正工程化，是软件工程的基石，如同大厦的一块块砖石一样。项目中合理地运用设计模式可以完美地解决很多问题，每种模式在现实中都有相应的原理来与之对应，每一个模式描述了一个在我们周围不断重复发生的问题，以及该问题的核心解决方案，这也是它能被广泛应用的原因。

2.3.2 设计原则

1. 开闭原则（Open Close Principle，OCP）

开闭原则就是说对扩展开放，对修改关闭。在程序需要进行拓展的时候，不能去修改原有的代码，而应实现一个热插拔的效果。这样做用一句话概括就是：为了使程序的扩展性好，易于维护和升级。想要达到这样的效果，需要使用接口和抽象类，后面的具体设计中会提到这点。

2. 里氏代换原则（Liskov Substitution Principle，LSP）

里氏代换原则是面向对象设计的基本原则之一。里氏代换原则中说，任何基类可以出现的地方，子类一定可以出现。LSP 是继承复用的基石，只有当衍生类可以替换掉基类，软件单位的功能不受影响时，基类才能真正被复用，而衍生类也能够在基类的基础上增加新的行为。里氏代换原则是对开闭原则的补充。实现开闭原则的关键步骤就是抽象化。而基类与子类的继承关系就是抽象化的具体实现，所以里氏代换原则是对实现抽象化的具体步骤的规范。

3. 依赖倒转原则（Dependence Inversion Principle，DIP）

这是开闭原则的基础，具体内容：针对接口编程，依赖于抽象而不依赖于具体。

4. 接口隔离原则（Interface Segregation Principle，ISP）

这个原则的意思是：使用多个隔离的接口，比使用单个接口要好。这里还有一个降低类之间的耦合度的意思，从中可以看出，设计模式就是一个软件的设计思想，从大型软件架构出发，为了升级和维护方便。所以上文中多次出现：降低依赖，降低耦合。

5. 迪米特法则（最少知道原则）（Demeter Principle，DP）

为什么叫最少知道原则，就是说：一个实体应当尽量少地与其他实体之间发生相互作用，使得系统功能模块相对独立。

6. 合成复用原则（Composite Reuse Principle，CRP）

原则是尽量使用合成/聚合的方式，而不是使用继承。

2.3.3　模式分类

总体来说设计模式分为三大类：创建型、结构型、行为型。创建型模式是用于类对象的创建，结构型模式主要体现类间关系的描述，行为型模式主要是对类中方法关系的描述。

创建型模式共又分为四种：工厂模式、单例模式、建造者模式、原型模式。

结构型模式又分为七种：适配器模式、装饰器模式、代理模式、外观模式、桥接模式、组合模式、享元模式。

行为型模式又分为十一种：策略模式、模板模式、观察者模式、迭代子模式、责任链模式、命令模式、备忘录模式、状态模式、访问者模式、中介模式、解释器模式。

2.3.4　创建型设计模式

1. 工厂设计模式

工厂设计模式：就是将一系列产品（相似类）的实例化交给工厂类来完成，以达到将对象的实例化细节隐藏起来，并且可以使用抽象类来完善工厂模式，使之符合开闭原则。

工厂设计模式是属于创建型模式中的一种，又分为静态工厂和抽象工厂两种实现，主要作用是对某一系列类进行对象的实例化。

当然，并不是说抽象工厂模式就一定比静态工厂模式要好，如果说确定系统此功能只需要一个静态工厂，那么尽量使用静态工厂。使用动态工厂，如果产品类过多，将会导致系统中的类过于臃肿。

2. 建造者设计模式

工厂设计模式是创建单个类的模式，而建造者设计模式是将各种产品集中进行管理，用来创建更为复杂的对象。

建造者设计模式用于复杂对象的构建，这个对象的构建中属性与属性之间有关联，比如一个属性被实例化后需要被另一个属性所使用，此时就可以选择使用构建者设计模式来实现此复杂对象的创建。

3. 单例设计模式

单例设计模式是 Java 中最简单的设计模式之一。这种类型的设计模式属于创建型模式，它提供了一种创建对象的最佳方式。

这种模式涉及一个单一的类，该类负责创建自己的对象，同时确保只有单个对象被创建。这个类提供了一种访问其唯一的对象方式，可以直接访问，不需要实例化该类的对象。

4. 原型设计模式

原型设计模式属于创建型模式，通过一个原型对象来指明所有创建对象的类型，然后通过这个原型对象的复制方法，创建出更多的同类对象。

2.3.5　结构型设计模式

1. 适配器设计模式

适配器设计模式是属于结构型设计模式，适配器设计模式的作用就是把原本因为接口不统一导致无法一起工作的两个类，通过适配使它们能在一起工作。

适配器设计模式又有两种实现方式，一种是类的适配，另一种是对象的适配。

类适配：先实现一个适配器类，然后继承接入类，并实现原接口。这样，只需要将接入类中与原系统接口不匹配的方式实现，就可以实现系统的集成使用。

对象适配：与类适配基本一样，只是将适配源的继承方式改为在适配器类中使用组合方式来实现。

适配器设计模式的用意是要改变源的接口，以便与目标接口相容。应根据实际需求选择不同的适配器实现方式，过多地使用适配器，会让系统非常零乱，不易整体进行把握。比如，明明看到调用的是 A 接口，其实内部被适配成了 B 接口的实现，一个系统如果出现太多这种情况，无异于一场灾难。因此如果不是很有必要，可以不使用适配器，而是直接对系统进行重构。

2. 装饰设计模式

装饰设计模式又叫作包装设计模式，属于结构型设计模式。装饰设计模式以对客户端透明的方式扩展对象的功能，是继承关系的一个替代方案。

装饰设计模式允许我们不使用继承的方式去增强一个类的功能，与继承相比，比较灵活且实现相同功能的同时，使用的类通常比较少。使用装饰设计模式，还可以使我们动态地为一个类添加或去除新增的功能，但是使用继承却不同，因为继承关系是静态的，在系统运行前就已经决定了。

但装饰设计模式也有其缺点，装饰设计模式会比使用继承产生更多的对象，更多的对象意味着，查错变得困难，特别是这些对象功能看上去就很相像。

3. 代理设计模式

代理设计模式属于结构型设计模式之一，分为静态代理和动态代理两种形式。

所谓代理，就是一个人代表另外一个人的行为。举个例子，我们需要去买米，那么，只需要去商店里面付钱，然后就可以把大米领回家。在这个例子里面，商店就起到了代理的作用，如果没有商店，我们需要自己去工厂里面买米，然后运输，虽然可能价钱便宜，但是加上运输费以及其中的时间花销，其实并不划算。现在代理的商店出现了，我们只需要去商店付钱，然后获得大米就可以了，而其中的运输过程，我们并不关心，这就为我们节省了时间以及不必要的开销。这也就是代理设计模式的意义所在。

4. 外观设计模式

外观设计模式也叫作门面设计模式，属于结构型设计模式之一。

外观设计模式使用一个接口类将子系统的接口隐藏起来，松散了客户端与子系统的耦合关系，且可以通过外观接口对客户端访问接口进行限制隔离，客户端不需要与众多的子系统进行交互，只需要与外观接口进行交互即可。另外，使用外观模式会让系统架构层次分明、易于维护。

一般外观模式的设计在一个系统中只有一个，并且使用单例，但是并不是说一个系统中仅能有一个外观类，外观类的多少可以依据系统架构适量设计。

5. 桥接设计模式

桥接设计模式属于结构型模式的一种。桥接设计模式的目的是将抽象与实现化分离，从而使得抽象和实现可以单独地变化而不会相互影响。

桥接设计模式分离了抽象部分和实现部分，从而极大地提供了系统的灵活性。让抽象部分和实现部分独立出来，分别定义接口，这有助于对系统进行分层，从而产生更好的结构化的系统。

桥接设计模式使得抽象部分和实现部分可以分别独立地扩展，而不会相互影响，从而大大提高了系统的可扩展性。

6. 组合设计模式

组合设计模式属于结构型模式之一。其目的是将对象组合成树形结构以表示部分-整体的层次结构，使得用户对单个对象和组合对象的操作具有一致性。

组合设计模式适用于希望表示对象部分-整体的结构，希望用户在操作的时候不用区分组合对象与单个对象就可以使用组合模式，将之设计成树形结构操作。

组合模式解耦了客户端与复杂元素，从而可以简化客户端的操作，使得客户端可以以相同方式对待所有元素。

7. 享元设计模式

享元设计模式属于结构型模式的一种。我们知道，内存属于稀缺资源，如果内存中存在着很多相同或者相似的对象，那么将会对内存资源造成浪费。此时我们就可以使用享元设计模式让这些对象共享一个内存区，没必要都实例化为对象，从而达到节省内存资源的目的。

通过使用享元设计模式，可以极大地减少内存中对象的数量，节约了资源，提高了系统性能。但是由于项目模式逻辑复杂，内部状态和外部状态不容易划分，而且由于内部状态和外部状态分离，导致读取外部状态的时候将会耗费额外的时间。

2.3.6　行为型设计模式

1. 策略设计模式

策略设计模式属于对象的行为模式，其用意是对一组算法的封装，使其可以相互替换。策略设计模式使得被封装的算法可以在不影响客户端的情况下发生变化，从而使得程序便于扩展和维护。

策略设计模式提供了管理算法族的办法，是对相同行为的不同实现，使得程序的扩展和维护变得更加容易。我们知道，大量的多重语句（if-else）不好维护，策略设计模式避免了大量使用 if-else 这类原始语句。

但是策略设计模式也有其缺点，客户端必须要知晓所有的策略算法，并且由于每一个策略都是一个类，当策略过多的话，那么策略对象的数目将会很庞大。

2. 模板设计模式

模板设计模式属于行为型模式，其用意是使用一个抽象类来实现模板方法，然后提供抽象方法交给子类实现，从而达到对相同模板的不同实现。

模板设计模式通过将变化与不变的部分抽取出来，从而避免了大量代码的重复实现，提高了效率。

3. 观察者设计模式

观察者设计模式属于对象行为型模式之一，又可称为发布-订阅模式。其用意是可以让多个观察者监听某一个主题，并在主题变化的时候通知所有观察者对象。

4. 迭代子设计模式

迭代子设计模式属于对象行为型模式之一。其用意是顺序地访问一个聚集中的元素而不必暴露聚集的内部表象。

5. 责任链设计模式

顾名思义，责任链设计模式为请求创建了一个接收者对象的链。这种模式基于请求的类型，对请求的发送者和接收者进行解耦。这种类型的设计模式属于行为型模式。

在这种模式中，通常每个接收者都包含对另一个接收者的引用。如果一个对象不能处理该请求，那么它会把相同的请求传给下一个接收者，以此类推。

6. 命令设计模式

命令设计模式属于对象行为型模式之一，又被称为行为模式。

命令设计模式把请求或者是操作封装到一个对象中，从而可以对请求进行参数化，并实现行为请求与行为实现的解耦。也就是说，将一些操作封装到一个请求对象当中，将这些方法行为化，然后具体的行为实现并不是在这个请求对象中实现的，这样就起到了将行为与实现分离，并且还易于将这些行为进行组合操作。

7. 备忘录设计模式

备忘录设计模式属于对象行为型模式之一，又被称为快照模式。

备忘录设计模式的用意是将一个对象的某个时刻的状态进行保存，用以在需要的时候可以恢复到该状态。

8. 状态设计模式

状态设计模式属于对象行为型模式，又被称为状态对象模式。状态设计模式的用意是在一个类的状态改变的时候去改变此类的行为。

状态设计模式用于解决系统中复杂对象的状态转换以及不同状态下行为的封装问题。当系统中某个对象存在多个状态，这些状态之间可以进行转换，而且对象在不同状态下行为不相同时可以使用状态设计模式。

9. 访问者设计模式

访问者设计模式属于对象行为型模式，是一种较为复杂的设计模式。其目的是封装一些施加于某种数据结构元素之上的操作，以至于当操作这些元素的方法改变时可以不改变数据结构。

访问者设计模式适合于当需要多个不同访问者类对一组不同的被访问元素进行访问时使用。也就是说，不同的访问者对不同的被访问对象有不同的访问方式，并且不同的被访问对象也对不同的访问者提供不一样的访问操作。

使用访问者设计模式可以将元素的功能在访问者中进行组合，从而使得每个访问者对应一个功能，符合单一原则，并且能通过使用访问者模式来定义整个对象的结构的通用功能，以提高复用程度。

但是，由于访问者与被访问者互相耦合在一起，导致此模式并不适用于被访者结构经常变化的业务，而且被访问者通常需要对访问者打开内部数据访问，这破坏了对象的封装性。

10. 中介设计模式

中介设计模式属于对象行为型模式的一种。中介设计模式将一组相互作用的对象组织起来，使得这些相互作用的对象不需要直接互相引用，从而使得这些对象间互相解耦，以至于当某一部分对象间的相互引用发生改变时可以不影响其他对象，从而使得它们可以独立变化。

11. 解释器设计模式

解释器设计模式是属于对象行为型模式的一种，是一种使用比较少的模式，其提供了一种定义文法的表示，并且同时提供一个解释器对定义的文法进行解析，客户端可以使用生成的解释器来解析对应的文法。

2.4 面向服务的设计原则

2.4.1 业务和 IT 一致

在传统的应用构建和运营的生命周期中，各个阶段都采用不同的概念：

在分析阶段，用例是核心概念；

在设计阶段，组件和对象等是核心概念；

在实现阶段，对象和过程等是核心概念；

在测试阶段，测试案例是核心概念；

在运营阶段，系统和应用是核心概念。

这种概念上的分裂在很大程度上使得系统生命周期的各个阶段彼此不一致，从而导致在从业务到 IT，从 IT 到业务的循环中，往往需求处在被动的位置。这种被动表现为 IT 对业务需求和业务变化响应慢，被构建的系统难以达到业务人员的期望值。

为了解决这种业务和需求不对齐、产品生命周期各个阶段概念割裂的状况，在 SOA 设计方法中，将业务和 IT 对齐视为最高优先级的设计原则。为了达到业务和 IT 对齐的目的，各种方法被引入到以服务为中心的 IT 生命周期中。这些方法主要有：

1. 视服务为第一位的核心概念

服务提供一种跨越多个用例的功能性能力的视角，这种服务的视角对需求分析、设计、部署、运营、监管各个阶段都是公共的，甚至对资产管理、资源配置等诸多方面也是公共的。不论是业务服务，还是软件服务，服务往往表现为一种功能接口，但是功能接口只是服务本身的一种属性，实际服务的内涵和外延都远远超越了功能接口。服务及其相关属性需要做到如下两点：

（1）能够提供相对于功能接口更多的业务到 IT 的映射，以提高业务和 IT 的对齐程度，如各种业务指标和业务策略也是服务定义的重要部分。在 IT 系统中，对服务的实现需要帮助贯彻这些业务策略，也需要提供监控业务目标的能力。

（2）帮助体现服务在 IT 生命周期中的各种抽象视角——业务功能映射视角、资产管理视角、资源配置视角等。从资产管理视角来看，每个服务都有相应的职责定义和拥有者定义；从资源配置视角来看，每个服务需要有相关的 SLA 和 QoS 等定义，以便于资源配置。

2. 服务必须有针对性的业务含义

这里"针对性的业务含义"是指，服务必须有适当的粒度和抽象度。服务的粒度和抽象度越低，服务本身的业务和技术依赖性越强，当业务发生变化时，服务本身要求变更的压力越大。为了能够让 IT 系统通过尽量小的代价、尽量短的时间适应业务需求和变化，我们的服务应有适当的粒度和抽象度，以使多数业务需求和变化可以通过组装服务和变更服务实现来完成，而不需要变更服务定义。

3. 通过契约设计方法规范服务参与各方职责

为了提高业务和 IT 的对齐，服务被视为 IT 生命周期各个阶段第一位的核心概念。进一步地，契约设计被作为一种方法，使得围绕服务的各种参与方能够精确理解其职责，或者说描述服务在各个方面的规约。这些契约最好以机器可读的形式表达，以便于服务使用的自动化、服务质量的监控、服务契约遵守的监控等。通常有如下几种契约：

（1）功能逻辑契约：定义服务的业务描述，服务的前件和后件等；

（2）运营契约：定义服务的 SLA 和 QoS；

（3）商业契约：定义服务在商业层面的术语和条件。

2.4.2　保持灵活性

SOA 的设计方法通过服务统一 IT 生命周期各个阶段的概念，并且通过服务契约等保持业务和 IT 的对齐。但是，仅仅通过服务定义层次并不能完全实现 IT 系统快速、灵活地适应业务需求和变化。我们需要在各个阶段的设计和构建过程中保持灵活性，或者说为灵活性而设计和构建。以下方法在 SOA 设计中可以帮助我们保持灵活性。

1. 设计抽象粗粒度服务适合更广泛的需求

有一类服务调用，在从服务消费者到提供者的调用路径上的技术形态（如通信协议）和业务形态（如消息格式、QoS 等），因具体消费者和提供者的不同而各异，但是其核心业务逻辑却基本相似。在这种情况下，我们可以通过设计粗粒度的服务在抽象的层次上满足各种调用类型，而把对各种不同需求的满足留给实现层次的技术，如各种类型的服务中介、业务规则引擎等。对于这种粗粒度的服务，当业务发生变化时，譬如多了一种类型的服务消费者或提供者，服务抽象层次的定义会保持不变。而我们会通过服务实现层次的变更以适应变化，如重新配置服务中介，开发新服务中介，甚至整个服务。由于保持服务定义层次不变，使得这种变更对服务的消费者而言是透明的。这种服务实现的可替换性将业务需求的变化对 IT 的影响控制在合理的范围内，只对 IT 系统做必要的变更，从而提高对业务变化的响应速度。

2. 设计适当粒度的服务使能服务组装

有一些服务，尽管它们的核心业务逻辑相似或不尽相同，但是却建立在一组公共的业务逻辑之上，如一般订单流程和 VP（特殊）订单流程。在这种情况下，我们需要一些细粒度的服务，并通过组装的形式实现各种粗粒度的服务。当业务发生变化时，如订单流程处理发生变化或新的客户类型需要新的业务流程时，我们都可以通过再组装细粒度的服务来完成变化。

对于服务粒度问题，是设计成粗粒度的服务适应广泛需求，还是细粒度服务使能服务组装，在分析和设计中确实很难把握。从实践角度而言，一些 SOA 的设计原则可提供一定程度的帮助，譬如，服务必须具有针对性的业务意义，就会告诉我们服务组装实际上就是业务组装，而非技术组装，那么由于技术原因造成的组装，如用户访问渠道和协议不同导致的流程不同，就不适合设计成服务组装。

2.4.3 松散耦合

在 SOA 环境中，松散耦合是指从服务消费者到服务提供者间的松散耦合。这包括：在服务契约设计上，通过抽象设计减少技术依赖性；在服务调用层面上，通过各种中介保持服务调用双方的技术透明性；在服务实现层面上或者 SOA 计算环境中，各种架构元素间的松散耦合。具体而言，SOA 环境中的松散耦合有如下内容：

1. 保持服务契约层面的抽象性

一个良好定义的服务应该是抽象的，它应该独立于特别的软件实现、包装业务功能的组件及它的功能接口。松散耦合要求服务能够保持技术和业务功能两个方面的抽象性，使得：

（1）移除服务消费者对服务提供方相关实现的依赖性；

（2）减少由于服务实现变化导致的对服务的相关方面的变更；

（3）服务实现的替换，如服务提供方的替换，或者服务的新版本，对服务消费者是透明的。

2. 通过 Web Service 技术保持服务调用的平台中立性

服务应该建立在平台中立的技术之上。比如：

（1）采用 Web Service 相关的协议标准如 SOAP 和 WSDL，它能够隔离协议和消息等技术层面关注，再调用端点屏蔽应用层面的技术异构性，从而达到平台中立性；

（2）通过应用平台蓝图定义 SOA 生态环境的各个方面的公共行为，它们可以用各种技术实现，但是在调用端点上是技术中立的。

平台中立性具有以下作用：

（1）保留 SOA 生态环境中各种参与者的自由度。

（2）减少由于技术演变或平台变更对服务消费者和提供者带来的影响。

（3）采用隔离关注的方法保持业务架构和技术架构的清晰性。

业务系统和 IT 系统都是涉及方面众多的系统。业务系统涉及组织结构、业务流程和监控、业务功能、业务对象、业务监控和地域等；IT 系统又会涉及设计表示、资源管理和安全架构等。在系统中，如果这些诸多方面依赖性比较强，任何一个方面的改动都会扩散到整个系统中。譬如，如果将安全认证和授权嵌入到应用逻辑的实现中，当安全架构发生变化时，所有的应用逻辑实现都需要相应变化。所以如何使这些方面的依赖性尽量小，对系统的灵活性影响很大。因此，在 SOA 的环境中，隔离关注的方法被广泛应用。

一方面，服务作为一种隔离关注的方法来设计业务架构。服务契约中业务功能部分被用来作为组织和组织、组织和应用、应用和应用间的边界。在服务的消费方，无论它是组织，还是应用，都不会意识到服务提供方的具体形态什么样的组织或者什么样的应用。服务契约的业务策略，QoS 部分也被用来作为技术边界，通过这些契约的定义，服务消费方和服务提供方看到的都是虚拟的资源，而不是具体的资源。

另一方面，在 SOA 的参考架构中，和服务相关的诸多方面用层次化的方法被组织在一起。从业务功能的角度被划分为服务消费者、业务组装、服务、服务组件和现有系统 5 个层次，只要层次间的契约没有变化，任何一个层次内部的变化都不会扩散到上一个层次。与此类似，和业务功能平行的技术集成、监管、数据架构等方面被组织成横向分布的层次。

（4）利用组件化设计方法保持更细粒度业务功能和技术实现的清晰性。

在 SOA 的计算环境中，组件化的设计方法并不是必需的。SOA 设计方法侧重于从业务到服务的层次上提供灵活性，而组件化侧重于从服务到应用或者服务实现的层次上提供灵活性。毋庸置疑，组件化设计方法的采用会帮助在更细的粒度上提高业务功能和技术实现的清晰性，如通过更细粒度的功能接口提高重用性，通过应用服务器的容器功能将业务功能实现和安全、事务等隔离开来。同时，组件化也使得 SOA 在实现部署上更加灵活。

2.5 小 结

本章主要介绍了软件加工中心的核心体系架构 SOA，包括 SOA 的基本概念、特点以及 SOA 体系架构的一个技术实现 Tuscany，此外还介绍了 SOA 的设计模式和设计原则。接下来我们将要介绍的是本书的核心内容——软件加工中心中软件系统设计的内容。

3 软件设计过程

上一章介绍了软件加工中心的核心架构 SOA，本章将会对软件加工中心中的设计工程以及与设计工程有前置后置关系的需求工程和制造工程进行简单介绍，并说明它们之间是如何进行关联推导的。

3.1 设计转移跟踪矩阵

3.1.1 什么是系统设计

系统设计是根据系统分析的结果，运用系统科学的思想和方法，设计出能最大限度满足所要求目标（或目的）的新系统的过程。进行系统设计时，必须把所要设计的对象系统和围绕该对象系统的环境共同考虑，前者称为内部系统，后者称为外部系统，它们之间存在着相互支持和相互制约的关系。内部系统和外部系统结合起来称作总体系统。因此，在系统设计时必须采用内部设计与外部设计相结合的思考原则，从总体系统的功能、输入、输出、环境、程序、人的因素、物的媒介各方面综合考虑，设计出整体最优的系统。进行系统设计应当采用分解、综合与反馈的工作方法。不论多复杂的系统，首先应分解为若干子系统或要素，分解可从结构要素、功能要求、时间序列、空间配置等方面进行，并将其特征和性能标准化，综合成最优子系统，然后将最优子系统进行总体设计，从而得到最优系统。在这一过程中，从设计计划开始到设计出满意系统为止，都要进行分阶段及总体综合评价，并以此对各项工作进行修改和完善。整个设计阶段是一个综合性反馈过程。系统设计内容，包括确定系统功能、设计方针和方法，产生理想系统并提出草案，通过收集信息对草案进行修正产生可选设计方案，将系统分解为若干子系统，进行子系统和总系统的详细设计并进行评价，对系统方案进行论证并进行性能效果预测。

系统设计是软件加工中心中软件加工流水线的第二步，它的作用是将需求分析中采集的用户需求进行加工、细化，最终形成项目开发所需的原材料。它在软件加工中心中的载体是核格设计平台。

3.1.2 系统设计作用

系统设计可以确定设计方针和方法，将系统分解为若干子系统，确定各子系统的目标、功能及其相互关系，决定对子系统的管理体制和控制方式，对各子系统进行技术设计和评价，对全系统进行技术设计和评价。

通过进行系统设计，可以方便客户浏览和操作，能最大限度地减轻后台管理人员的负担，做到部分业务的自动化处理；对于业务进行中的特殊情况能够做出及时、正确的响应，保证业务数据的完整性；为将来的业务流程制定了较为完善的规范，使系统具有较强的实际操作性；降低了各个功能模块间的耦合度，便于系统的扩展。

3.1.3 转移跟踪矩阵

软件加工中心系统设计方法论包括子系统设计、模块设计、服务设计、工作流设计、界面设计、数据库设计。

软件设计的第一步是进行子系统设计，子系统设计将系统划分为若干个相对独立的子系统，然后再对各个子系统分别进行模块设计，接着再进行服务、工作流、界面、数据库的设计。

图 3-1 所示为设计转移跟踪矩阵，该矩阵主要展示了设计工程元素之间以及设计工程元素和需求工程、制造工程元素之间的推导关系。

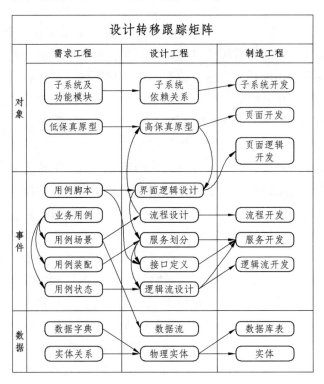

图 3-1 设计转移跟踪矩阵

在设计工程内部，工作流设计可以用来指导高保真界面原型的设计，通过分析高保真原型中的各种事件可以总结出界面逻辑流，界面逻辑流又可以作为服务设计时服务划分的依据，而服务的划分又可以为后面服务接口的定义以及业务逻辑流的设计提供参考。在数据方面，物理实体可以参与到数据流图中数据的流转中去。

3.2 关联需求工程

软件需求工程作为设计工程的前提，为设计工程提供了方向和指导。本节将对软件需求工程进行简单介绍并说明其中的元素和设计工程元素之间的关联。

3.2.1 需求工程模块及其作用

需求工程的模块包括：业务目标、涉众分析、业务对象、业务边界、业务角色、业务用例、业务场景、业务情景、概念实体、系统用户、系统用例、系统模块、系统情景、原型界面。下面将对这些模块进行简单介绍。

业务目标：又称为业务前景，是对要建设的系统的展望。客户立项准备开发一个软件系统，一定会对这个系统有明确的展望，即建设系统的目的是什么、准备用来做什么，而业务目标模块就是对这些信息的一个归纳。

涉众分析：分析与要建设的业务系统相关的一切人和事。首先要明确的一点是，涉众不等于用户，通常意义上的用户是指系统的使用者，而这仅是涉众中的一部分。本模块的作用就是归纳统计每个系统涉众的详细信息。

业务对象：需求中收集到的所有单据的初步映射，主要展示出核心信息即可，是后续建模过程实体推导及最终数据库表的源头。本模块的作用是对从用户处采集需求收集到的原始表单、报表进行总结和归纳，为后续分析数据库概念实体做铺垫。

业务边界：根据业务目标对系统的边界进行划分与界定。业务边界对后续需求分析过程中发现业务主角、业务用例具有重要的推导作用。

业务角色：主要包括业务主角和业务工人，或者说是这两者的集合，主要来源于我们的涉众，涉众列表中的所有角色都是业务角色的候选，业务角色是涉众的子集或者细化。业务角色作为业务分析的基础在后续分析中充当一个重要的角色。

业务用例：针对业务目标所划定的业务边界的具体化，是结合业务角色和业务边界进行业务建模中的关键步骤。业务用例视图是表达客户业务执行的静态视图，是实现某关联业务目标的具体体现。

业务场景：对客户总体业务过程的描述，使用活动图（泳道图）来表达业务的具体执行过程，等同于业务流程图。业务场景视图使用关于反映主要业务过程的业务用例视图的基本业务用例作为活动图中的活动来表达具体业务过程。

业务情景：由业务用例推导来的动态场景视图。业务情景用来描述一个业务用例在该业务的实际过程中是如何实现的，使用活动图来强调参与该业务的各参与者的职责和活动。

概念实体：借鉴数据库建模中的 ER 关系图，由业务对象推导而来，主要展示出核心信息即可，是后续建模过程实体推导及最终数据库表的源头。

系统用户：系统最终的操作者，简单地说就是最终使用软件的人。在方法论中用户来源于业务角色，因为具体执行业务的人一般来讲是包括用户的，用户是业务角色的子集。系统用户作为系统分析阶段的基础，在后续系统用例、系统情景的分析中充当重要的角色。

系统用例：从计算机系统执行业务的角度来描述业务场景的方式，平时使用 UML 绘制的用例图大多数情况下就是指这种类型的用例。在方法论中系统用例获取的来源主要在参考业务用例的基础上，以对应的业务情景为主体。

系统模块：从方法论角度来讲，类似业务建模阶段对业务场景汇总的形式。系统模块是对系统用例的按层次汇总。从使用角度来看，系统模块则是对系统功能按场景的初步划分，是系统最终进行模块展示和角色授权的依据之一。

系统情景：对系统用例执行过程的动态描述，是用户与计算机交互的具体体现，是用户功能性需求的集中显现。

原型界面：系统界面的原型，并不代表系统的最终实现，可以使用草图来表示。界面原型可以为设计工程中的页面设计提供重要的依据。

3.2.2　与设计有关的元素

需求工程中的系统模块图对系统进行了子系统与模块的划分，在设计工程中我们可以根据需求工程的系统模块图整理出子系统以及子系统间的依赖关系。

需求工程中的概念实体可以推导到设计工程中的物理实体视图中，演化成为物理实体。

需求工程中的界面原型为低保真界面原型，在设计工程中进行界面设计的时候就要以需求中的低保真原型为基础，对其进行完善美化形成高保真原型。

需求工程中的用例脚本可以作为设计工程中界面逻辑设计、服务划分、接口定义的依据。

需求工程系统情景可以通过分析推导得出设计工程中的业务逻辑流和服务装配。

3.3　推导设计工程

设计工程在软件加工中心方法论中可以划分为子系统设计、模块设计、服务设计、工作流设计、界面设计、数据库设计等，本节将对这些设计工程模块进行详细介绍。

3.3.1 子系统设计

系统是由一群有关联的个体组成的，没有关联的个体堆在一起不能称为一个系统。一个系统的能力不是各个个体的能力之和，而是通过这些个体的相互协作产生了新的能力。比如汽车能够载重前进，而发动机、变速器等零件本身不具备这些能力。

子系统顾名思义，就是一个系统，也就是说仍然是完整的实体。系统和子系统的概念是相对的，当作为另一个系统的一部分时，系统就成为一个子系统。比如微信是一个系统，聊天、朋友圈、支付等则可以作为微信系统的子系统，而朋友圈子系统又包含评论、动态等模块，本身又是一个完整的系统。

在系统设计方法论中，设计工程子系统可以由需求工程中的系统模块图分析推导而来。在需求工程导出到设计工程时，设计人员会将系统模块图中的子系统元素导出到设计工程系统交互图中并生成子系统目录。设计的每个子系统会输出为一个制造工程并相对独立进行制造，而这些输出的制造工程整体就会组成我们最终要实现的系统。

3.3.2 模块设计

软件的模块设计是指在软件设计过程中，为了能够对系统开发流程进行管理，保证系统的稳定性以及后期的可维护性，从而将一个系统按照一定的准则划分为若干模块，每个模块完成一个确定的功能，并在这些模块之间建立必要的联系，通过模块的互相协作完成整个功能。根据模块来进行系统开发，可提高系统的开发进度，明确系统的需求，保证系统的稳定性。

在系统设计的过程中，由于每个系统实现的功能不同，所以每个系统的需求也将会不同，也就导致了系统的设计方案不同。在系统的开发过程中，有些需求在属性上往往会有一定的关联性，而有些需求之间的联系很少。如果在设计的时候，不对需求进行归类划分的话，在后期的过程中往往会造成混乱。

软件设计过程中通过对软件进行模块划分可以达到以下好处：

（1）使程序实现的逻辑更加清晰，可读性强。

（2）使多人合作开发的分工更加明确，容易控制。

（3）能充分利用可以重用的代码。

（4）抽象出可公用的模块，可维护性强，以避免同一处修改在多个地方出现。

（5）系统运行可方便地选择不同的流程。

（6）可基于模块化设计优秀的遗留系统，方便组装开发新的相似系统，甚至一个全新的系统。

在我们的方法论中，设计工程中的模块由数据流图来进行划分和展示，每个子系统都会有一个数据流图来对该子系统下的模块进行划分，这些模块可以由需求工程中的系统模块图推导而来，在需求工程导出为设计工程时，不但会将需求工程系统模块图中的子系统元素转化为设计工程中的子系统目录，还会将系统模块图中子系统元素的模块子节点转化为子系统下数据流图中的处理过程节点。设计工程中划分的模块（数据流图处理过程节点）在设计工程输出为制造工程时会转化为制造工程的包结构。

3.3.3 服务设计

服务即是可以通过定义明确的消息交换而进行交互的程序。服务的实现包含该服务的功能性或业务性的逻辑，而服务的设计必须考虑可用性和稳定性。服务的构件要考虑持久性，而服务配置和聚合的构建则要考虑变化性。灵活性经常上升为 SOA 的一个最大的优势，与受底层单一性应用程序的约束、最小的变动也要几个星期才能实现的组织相比，在松散耦合的基础结构上实现业务流程的组织对于变动要开放得多。

SOA 是一种不局限于任何特定技术或厂商的架构方法，它使组织能够快速开发、部署和管理一系列可共享的业务服务，从而创建基于角色的复合应用。换言之，SOA 是一种 IT 战略，它将企业应用系统中分散的功能单元组合成可互用的、基于标准的服务，这些服务能够快速组合和重用，从而有效满足不断变化的业务需求。SOA 把业务功能包装成标准的服务，服务之间可以互相调用，服务的技术实现对客户端来说是透明的，客户端不用关心服务是如何实现的，也不管它是用什么编程语言来开发的。因此，服务是实现 SOA 的核心。在 SOA 架构下，"服务"成为应用系统的基本组件，使得 IT 与业务有机地结合在一起，它提供了应用系统的灵活性，服务之间的替换非常灵活，所要考虑的服务接口也是完全符合 Web 服务和 XML 标准的。这里面包含两个层面的意思：第一，SOA 解决方案包含了实现端到端业务流程的一整套业务服务；第二，每个服务都提供了一个基于接口的服务描述，以有效支持灵活的、动态重配置的流程。

在系统设计方法论中，需求工程用例脚本中的主事件流逻辑运算里的一项可以映射一个服务，依此来划分设计工程服务装配中的服务，之后可以根据划分的服务并参考需求工程中系统用例以及系统情景的内容对服务接口进行定义。而设计工程中的服务设计最后又可以转换为制造工程中的服务开发。

3.3.4 工作流设计

工作流是指一类能够完全自动执行的业务过程，根据一系列过程规则，将文档、信息或任务在不同的执行者之间进行传递与执行。工作流的主要作用是利用计算机在多个参与者之间按某种预定规则自动传递文档、信息或者任务以实现某个业务目标。

工作流设计通过对业务对象流转进行分析以及抽象，将不变和变化的部分进行划分，通过可视化的工具对事项的流程以及流程环节涉及的人员（角色）、表单、操作进行修改，从而到达应对不断变化需求的目的，而工作流管理系统通常提供的流程监控、查询统计模块更是极大程度地为用户优化流程提供支持，以提高企业、政府的工作效率并节约企业运行成本。

工作流主要是对业务流程的抽象和总结，在我们的方法论中，可以对需求工程中的业务情景进行划分，将其中的活动区分为线上活动与线下活动，之后可以将业务情景图转化为工作流设计，线上活动转化为工作流任务，线下活动保持不变。而设计工程中的工作流设计最终又可以转化为制造工程中的流程开发，转化时直接将线下部分进行剔除，保留线上部分的工作流任务。

3.3.5　界面设计

界面设计是指对软件的人机交互、操作逻辑、界面美观的整体设计。界面设计分为实体界面和虚拟界面，此处的界面设计是指软件虚拟界面设计。

设计阶段的界面设计要尽量设计出接近网页展示的高保真原型界面，在核格软件加工中心系统设计方法论中，我们可以根据需求工程中的低保真界面原型进行设计，在其基础上进行美化、完善，最终形成设计工程所需的接近网页展示效果的高保真原型界面。而设计工程中的高保真原型界面最终又可以转化为系统开发中的业面开发，在高保真原型界面的基础上再进一步将其开发为可以真正运行的网页。

3.3.6　数据库设计

数据库设计（Database Design）是指对于一个给定的应用环境，构造最优的数据库模式，建立数据库及其应用系统，使之能够有效地存储数据，满足各种用户的应用需求（信息要求和处理要求）。在数据库领域内，常常把使用数据库的各类系统统称为数据库应用系统。

数据库设计的内容包括：需求分析、概念结构设计、逻辑结构设计、物理结构设计、数据库的实施和数据库的运行和维护。我们在创建关系模型数据库时需要有精确的步骤，这些步骤是第一范式、第二范式、第三范式、很少在商业上实现的 Boyce-Codd 范式、第四范式、第五范式、域键范式。在规范过程中，范式步骤是渐进的步骤。

在我们的方法论中，软件设计工程中的数据库设计以数据库物理实体关系图为载体，通过对需求工程中的概念实体的推演、细化，从而形成数据库物理实体关系图，而设计工程中的物理实体关系图在导出制造工程时又可以直接转化为数据库 SQL 脚本，生成系统的数据库。

3.3.7　支持工具

仅仅只有设计方法论而没有工具作为支撑，那么软件设计无异于空中楼阁，无法顺利进行。因此,在这里对核格软件加工中心系统设计方法论配套的平台工具简单介绍。

1. 整体介绍

业务管理的复杂性、差异性,以及客户需求的多元化、个性化,导致信息密集型企业信息化软件的升级、扩展和维护工作量变大,运维成本不断上升。面对业务需求变化时,必须一体化地变革业务流程、复用业务服务、管控业务策略、优化业务绩效、集成业务系统等,使业务更加依赖业务人员和设计人员的高效设计。这些不断变更的需求,导致信息化软件设计的工作量增大,复杂度增高、设计周期拖延、难以控制实施成本。为了解决以上问题,平台面向 SOA 可配置的构件化软件设计模式,支持高效和高质量的信息化软件设计,支持基于可视化构件的拖拽式软件设计,支持智能的业务流程管理和数据报表设计以及应用服务设计,已成为具有支持可视化、流程化、集成化、服务化、智能运维、智能管控于一体的信息化支撑软件。

传统软件设计时会遇到业务需求变更频繁、软件设计规范性不高、软件设计成果复用难、软件人员流动性高等问题。平台针对上述问题,提出一种图形化设计模式。要实现这个目标,针对平台的底层架构,设计了统一的环境和工具。该设计工具基于 Eclipse 平台,基于 SWT、JFACE、GEF、EMF、GMF 等框架搭建,针对软件生命周期中的设计阶段,实现可视化的设计与管控,包括实现构件可视化拖拽,服务装配,以构件化搭建功能模块的功能。平台最大的特点就是随着平台使用时间的增多,越来越多的软件资产进行沉淀、复用,复用的业务构件越多,设计效率越高,软件质量越有保证。

由于该工具涉及面宽,平台目前完成的功能模块如图 3-2 所示。

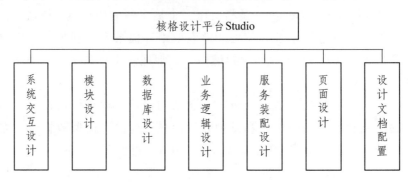

图 3-2 设计平台模块

图 3-3 所示为平台整体图形界面,其中上方为工具条,工具条中包含了新建、保存、删除、运行、调试等一些平台常用操作。右侧为平台构件库,包括页面逻辑构件库、服务构件库、界面原型构件库、网页前端构件库等,这些构件库将一些常用功能封装成了构件,在用户进行相应类型的设计时可以直接使用构件库中的构件进行设计。左侧为工程资源树,用来展示平台当前工作空间中的所有项目。中间为编辑器区域,编辑器用来对设计工程的元素进行可视化设计。

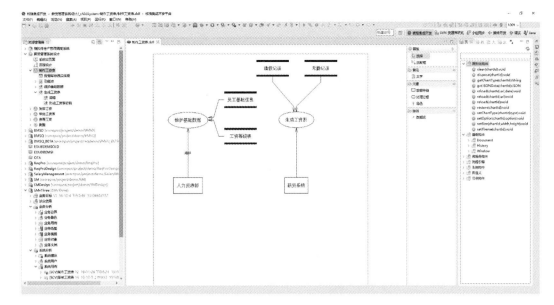

图 3-3　平台图形界面

2. 工程结构

图 3-4 所示为设计平台的工程结构。新建的工程将显示在"资源管理器"中，整个工程树展示出来的是该平台特有的工程结构。平台将子系统分为模块设计、界面、页面逻辑、业务逻辑、服务装配模块。根据功能的层级关系建立好树状结构后，开发人员以子系统为单位进行业务的设计，相对于传统的设计模式，该模式的好处就是把同一个子系统的资源归纳到一个节点下，结构清晰，方便查找。

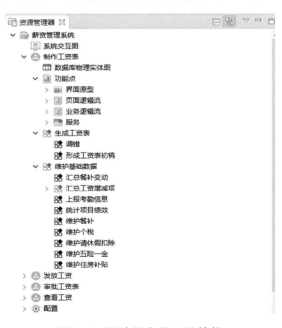

图 3-4　设计平台的工程结构

3. 编辑器界面

图 3-5 所示为平台的编辑器界面。其中最外层为一个 tab 页，可以在 tab 页中同时打开多个设计工程编辑器。每个编辑器中分为两部分：左边为编辑器画布，右边为编辑器画板。画板用来存放编辑器中的各个元素，画布则是用来展示编辑器的内容。用户在右边画板中选择一个元素后，在画布中进行单击就会新建该元素。

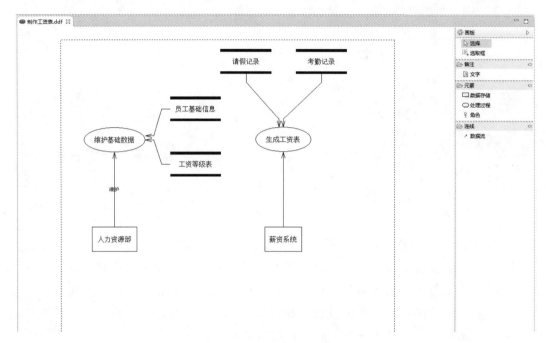

图 3-5　设计平台编辑器界面

3.4　输出制造工程

在核格软件加工中心中制造工程是设计工程之后的一个阶段。设计工程的最终目标就是推导出制造工程，为其提供指导。本节我们将对软件制造工程进行简单介绍并说明其中的元素与设计工程元素之间的关联。

3.4.1　制造工程模块及其作用

制造工程有三大目录，分别为业务流程、功能模块、系统配置。

1. 业务流程

业务流程目录是专门用于开发业务流程的，主要用于配合页面逻辑流的调用，流程文件后缀是.wpd。

1）特点

（1）后台可视化编排工具；

（2）Web可视化编排工具；

（3）丰富的流程运转模式；

（4）智能化错误跟踪报警；

（5）支持自定义流程节点。

2）作用

（1）降低开发风险。

通过使用诸如活动、流转、状态、行为等术语，使得业务分析师和开发人员使用同一种语言交谈成为可能。

（2）加速开发。

开发者不用再关注流程的参与者等问题，因为这些都只需要拖动流程节点，并根据需求连接好就可以了，相同的需求可以调用同样的流程，所以开发者开发起来更快，代码出错更少，系统更加容易维护。

（3）流程实现的集中统一。

应对业务流程经常变化的情况，使用工作流技术的最大好处是，使业务流程的实现代码，不再散落在各式各样的业务系统中。

（4）提升对迭代开发的支持。

如果系统中业务流程部分被硬编码，就不容易被更改，需求分析师会花费很大的精力在开发前的业务分析中，并且希望一次成功。但可悲的是，在任何软件项目开发中，这都很少能实现。工作流管理系统使得业务流程很容易部署和重新编排，业务流程相关的应用开发可以以一种"迭代/渐进"的方式推进，也就是说工作流技术在某种程度上支持"需求分析不必一次完全成功"。

2. 功能模块

功能模块包含视图、Java、构件、数据、实体、服务、报表、配置8个子目录。

1）视图

视图提供基于JSF标准的各种组件的封装与调用，并对各种数据交互统一封装成代理服务组件。

视图目录下可以新建页面、新建页面逻辑、新建网页、新建网页样式、新建网页构件编辑器、新建切片。

其作用如下：

① 敏捷开发，节约开发成本；

② 提高代码质量，降低开发风险。

视图目录下的子目录：

（1）页面。

页面对应前台网页，是 vix 后缀的资源文件，将会被编译为 xhtml 文件被前台访问。其特点如下：

① 基于可组装构件模式封装；

② 面向全可视化的界面开发；

③ 一次开发随处运行的设计；

④ 面向场景的界面构件库；

⑤ 开发编译部署一体化工具。

（2）页面逻辑。

页面逻辑对应前台的 Js 文件，是 pix 后缀的资源目录，将会被编译为 js 文件部署。其特点如下：

① 页面逻辑的图形化表达；

② 可视化为主的流程开发；

③ 完善的报错机制；

④ 页面逻辑流构件库；

⑤ 自主研发图形编译器。

2）Java

Java 目录主要用于 Java 程序的编写，是实现构件生成、服务封装的基础。其必须创建包，在包下面支持 Java 文件；无法显示其他类型的文件，若是创建了非 Java 类型文件，将会在配置中显示；部署到 WEB-INF/classes 对应包路径下。

其作用如下：

提高系统扩展能力，可以与工作流、页面逻辑、业务逻辑流等模块使用。

3）构件

构件目录下可以新建业务逻辑和业务逻辑流。

其特点如下：

① 后台业务逻辑的图形化表达；

② 丰富的构件库；

③ 简单、友好、开放的构件标准；

④ 支持构件中心导入构件库；

⑤ 图形化的调式功能。

其作用如下：

① 用户可以直观地看到业务流程上不同阶段、不同岗位、不同处理环节的业务逻辑。

② 对流程中各个业务单元运行策略，进行自动评估和提供统筹修改，以达到业务处理逻辑的柔性化要求。

③ 降低技术复杂性突出业务的主导性。

4）数据

数据目录主要用于实体与表的基础映射，同时也用于生成和保存复杂的结构化查询 SQL 语句。其必须创建包，在包下面可以支持 mix 文件；在数据文件中定义各类查询语句，将会被编译 sqlMap 文件部署成常规查询，即表示成常规的 SQL 查询，如 insert、delete、update、select 等。

其特点如下：

① 可视化查询语句工具；

② 动态查询语句配置引擎；

③ 数据表快速拖拽生成；

④ 实体快速拖拽生成；

⑤ 查询语句集成测试；

⑥ 查询语句安全验证。

其作用如下：

加速开发过程。

5）实体

实体目录主要用于可视化生成和编辑各类结构化（SQL）语句。其必须创建包，在包下面可以支持 eix 文件，对应数据库表。

其特点如下：

① 可视化实体编辑工具；

② 数据表快速拖拽生成；

③ 自动读取数据库注释。

其作用如下：

加速开发。

6）服务

服务装配是针对 SOA 提出的一套服务体系构建框架协议，内部既融合了 IOC 的思想，同时又把面向对象的复用由代码复用上升到了业务模块构件复用，同时将服务接口、实现、部署、调用完全分离，通过配置的形式进行灵活的组装，绑定。

服务装配是基于面向服务体系架构的可视化操作，也是核格平台底层 composite 构件模型文件的生成器。

其特点如下：

① 可插拔式装配；

② 多协议绑定；

③ 多层嵌套、灵活复用；

④ 完善报错机制；

⑤ 一键式错误处理。

其作用如下：

① 复用率高，提升代码质量；

② 接口标准化，提升项目扩展性；

③ 支持由顶向下的开发方式，提升项目敏捷性和灵活性；

④ 可视化拖拽开发，提高生产力；

⑤ 多语言实现，支持跨平台构建集成，松耦合扩展。

7）报表

报表目录主要用于可视化生成和编辑各类统计报表图形，实现可视化的图表展示。

其特点如下：

① 多种图表样式；

② 可视化属性配置。

其作用如下：

① 加速开发；

② 图表于客户端生成，减少服务器负载。

8）配置

配置目录主要实现对该项目的构件库、引用库等的基础配置。

其特点如下：

① 公用键值对配置；

② 国际化语言配置。

其作用如下：

① 目录简洁明了；

② 便于综合整理。

（1）系统配置。

系统配置有页面资源、第三方库、构建目录 3 个子目录。

（2）页面资源。

页面资源用于存放扩展图标、css、js 等文件。

（3）第三方库。

第三方库用于配置需要导入的 jar 包。

（4）构建目录。

构件目录用于存放网页构件。

3.4.2 与设计相关的元素

一个大的软件系统往往可以拆分为功能相对独立的若干子系统，而每个子系统都可以单独形成一个制造工程，大的系统中的若干制造工程就可以由设计工程中划分的子系统演化得来。

制造工程中会对系统进行模块层级的划分形成功能模块目录，设计工程生成制造工程时会自动将子系统数据流图中划分的层级结构导出到制造工程中生成制造工程的功能模块目录。

制造工程中的页面开发、页面逻辑开发、流程开发、服务开发、逻辑流开发分别由设计工程中的高保真原型界面设计、界面逻辑流设计、流程设计、服务设计、逻辑流设计转化而来。

制造工程需要绑定一个数据库作为系统的数据库，设计工程在导出开发工程时会将设计工程相应子系统的物理实体转化为 SQL 脚本并运行生成相应的数据库作为制造工程绑定的数据库。

3.5　小　结

本章介绍了核格软件加工中心方法论中设计工程的内容，并引出了设计工程在核格软件加工中心中的前置需求工程和后置制造工程以及它们三者之间的关联推导关系。在下一章将会详细介绍系统设计的方法和步骤。

4 系统功能设计

上一章简要介绍了软件加工中心中的设计工程以及设计工程与需求工程和制造工程的关联推导关系，本章将会详细介绍如何在设计工程中进行软件系统设计的。

4.1 子系统设计

4.1.1 分析方法

1. 子系统划分方法

1）参照法

选择一个已经实施了的管理信息系统，按照其子系统的划分来确定本企业的子系统。

优点：方法简单，有可借鉴的经验和教训，便于系统的实施。

局限性：采用参照法时，要考虑所选企业与本企业的相似性，包括战略规划、组织结构、管理模式等问题，以及所选企业管理上的先进性。

2）职能法

参照企业现行组织机构的设置来划分子系统。

优点：该方法划分简单，费用很低，便于实施；按照管理理论和方法设置的组织机构，其部门的设置基本符合子系统划分的原则，部门之间的联系相对较弱，而内部联系紧密。

局限性：部门内部重复的业务活动、不合理的设置难以消除；采用职能法开发的管理信息系统受企业组织机构改革调整的影响较大。

3）过程/数据类法

根据数据模型设计中得到的数据类以及功能需求分析中建立企业模型的业务过程来划分子系统。

过程：对应用户功能需求分析中得到的功能。

数据类：对应信息需求分析中得到的信息。

过程和数据类之间的关系：

产生并使用（C：Creat）；

使用（U：Use）；

无关（Null）。

过程/数据类法的实例步骤：

（1）根据功能需求和信息需求，获得初始 U/C 矩阵，如表 4-1 所示。

表 4-1　初始 U/C 矩阵

功能	数据类															
	客户	订货	产品	工艺流程	材料表	成本	零件规格	材料库存	成品库存	职工	销售区域	财务计划	计划	设备负荷	物资供应	任务单
经营计划		U				U						U	C			
财务规划						U				U		C	C			
产品预测	C		U								U					
产品设计开发	U		C	U	C		C					U				
产品工艺			U		C		C	U								
库存控制								C	C						U	U
调度		U	U				U							U		C
生产能力计划				U										C	U	
材料需求			U		U		U									C
操作顺序				C										U	U	U
销售管理	C	U	U						U		U					
市场分析	U	U	U								C					
订货服务	U	C	U						U		U					
发运		U	U						U		U					
财务会计	U	U	U							U	U	U				
成本会计		U	U			U						U				
用人计划										C						
绩效考评										U						

（2）对 U/C 矩阵的正确性检验。

正确性检验时主要检验以下三点：

① 完备性（completeness）检验：指对具体的数据项，必须有一个产生者（C）和至少一个使用者（U），功能则必须有产生或使用（C 或 U）发生。

② 一致性（Uniformity）检验：指对具体的数据项必须有且仅有一个产生者（C）。

③ 无冗余性（non-verbosity）检验：指 U/C 矩阵中不允许有空行和空列。

表 4-2 所示为对初始 U/C 矩阵检验后所得的矩阵。

表 4-2　检验后的 U/C 矩阵

功能	数据类															
	客户	订货	产品	工艺流程	材料表	成本	零件规格	材料库存	成品库存	职工	销售区域	财务计划	计划	设备负荷	物资供应	任务单
经营计划	U					U						U	C			
财务规划						U						C	U			
产品预测	C		U									U				
产品设计开发	U		C	U	C		C						U			
产品工艺			U		U		U	U								
库存控制							U	C	C						U	U
调度			U	U				U	U					U		C
生产能力计划				U										C	U	
材料需求			U		U			U							C	U
操作顺序				C										U	U	U
销售管理	C	U	U								U	U				
市场分析	U	U	U								C					
订货服务	U	C									U	U				
发运		U									U	U				
财务会计	U	U								U	U	U	U			
成本会计		U	U			C						U	U			
用人计划												C				
绩效考评												U				

（3）对 U/C 矩阵求解。

具体的方法是：采用表上作业法，多次调整表中的列，使得大部分的"C"元素尽量移动到表从左上角到右下角的对角线上，使得子系统的边界能较为清楚地显现出来。

调整列的顺序并不改变业务过程与数据类之间的关系，因此调整后的 U/C 矩阵是一样的。表 4-3 为调整过后的 U/C 矩阵。

表 4-3　调整过后的 U/C 矩阵

功能	数据类															
	计划	财务计划	产品	零件规格	材料表	材料库存	成品库存	任务单	设备负荷	物资供应	工艺流程	客户	销售区域	订货	成本	职工
经营计划	C	U												U	U	
财务规划	U	C													U	U
产品预测			U									U	U			
产品设计开发	U		C	C	C							U				
产品工艺			U	U	U	U										
库存控制				U		C	C	U		U						
调度			U					U	C	U	U					
生产能力计划									C	U	U					
材料需求			U		U	U				C						
操作顺序								U	U	U	C					
销售管理			U				U					C	U	U		
市场分析			U									U	C	U		
订货服务			U				U					U	U	C		
发运			U				U							U	U	
财务会计	U	U	U				U					U		U		U
成本会计	U	U	U											U	C	
用人计划																C
绩效考评																U

（4）系统功能划分与数据资源分布。

系统逻辑功能的划分：在最终的 U/C 矩阵中，用若干不重叠的矩形将对角线上的"C"覆盖，每一个矩形即为一个子系统。

划分时应注意：

沿对角线一个一个地画，既不能重叠，又不能漏掉任何一个数据和功能；

小矩形的划分是任意的，但必须将所有的"C"元素都包含其中；

矩形之间的字母"U"表示子系统之间的数据流。

表 4-4 所示为划分后得到的结果。

表 4-4　对 U/C 矩阵划分的结果

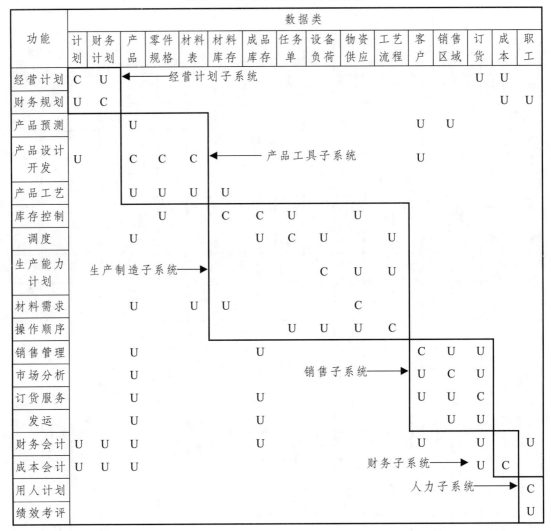

功能	数据类															
	计划	财务计划	产品	零件规格	材料表	材料库存	成品库存	任务单	设备负荷	物资供应	工艺流程	客户	销售区域	订货	成本	职工
经营计划	C	U											U	U		
财务规划	U	C												U		U
产品预测			U									U	U			
产品设计开发	U		C	C	C							U				
产品工艺			U	U	U	U										
库存控制				U		C	C	U		U						
调度				U			U	C	U		U					
生产能力计划									C	U	U					
材料需求				U		U				C						
操作顺序							U	U	U		C					
销售管理			U				U					C	U	U		
市场分析			U									U	C	U		
订货服务			U				U					U	U	C		
发运			U				U						U	U		
财务会计	U	U	U				U						U		U	U
成本会计	U	U	U				U					U			C	
用人计划																C
绩效考评																U

注：图中框线标注的子系统为——经营计划子系统、产品工具子系统、生产制造子系统、销售子系统、财务子系统、人力子系统。

2. 子系统设计原则

进行子系统设计时主要需要遵循以下三点原则：

（1）企业发展的需要：既要考虑企业现行组织结构、管理工作，还要考虑系统适合企业发展的需要，便于现代化管理思想、管理方法的实施。

（2）高凝聚性：子系统内部从数据和功能等方面的凝聚性高。

（3）相对独立性：子系统之间的数据和功能的相对独立性较高，尤其是应有较少的数据关联。子系统的相对独立性便于管理信息系统的分阶段实施。

4.1.2　工具

在我们方法论配套的设计平台中，将以系统交互图的形式进行子系统设计。

系统交互图可以用来对一个大的系统进行划分，将其分解成为能相对独立的若干子系统，并通过连线表示子系统之间的依赖关系。

1. 元　素

系统交互图的主要元素有子系统和关系。

子系统：是对要设计的目标系统进行拆分后形成的功能相对独立的一个小系统。

关系：描述子系统之间的依赖关系。该依赖关系仅可以单向进行依赖且子系统间的关系连线不能产生循环（若出现循环，说明子系统划分得有问题，应重新进行划分）。

2. 向　导

在用户将需求工程导出为设计工程时，工具会自动提取需求工程中系统模块图里的子系统元素，并将其添加至系统交互图中。

系统交互图中每添加一个子系统元素，设计工程都会自动生成一个对应的子系统目录，后续该子系统的设计工作将在新增的子系统目录下完成。

3. 编辑器

图 4-1 所示为设计平台中的系统交互图编辑器。

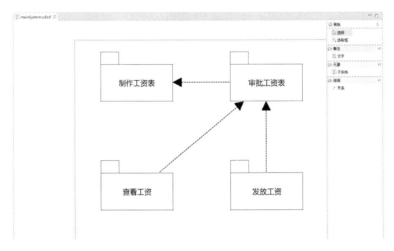

图 4-1　系统交互图编辑器

其中左侧为编辑器画布，画布用来展示已完成的系统交互图。在画布上，用户可以对系统交互图元素进行新增、修改、删除操作。

右侧为编辑器画板，画板用来展示画布中可以存放的所有种类的元素。当用户想要新增元素时，需要点击画板中的相应元素，然后再在画布中要新增的位置进行单击就可以新增相应的元素了。

画板中的选择元素可以用来选择画布中已有的元素，从而对其进行改变位置、删除等操作。

当用户想要同时移动画布中多个元素或同时删除多个元素时，可以选择画板中的选取框元素，通过选取框用户可以框选画板中的多个元素的同时对它们进行操作。

画板中的文字元素可以向画布中指定的位置添加文字备注，用户先单击画板中的文字元素之后，再在画布中要添加备注的位置单击鼠标左键即可在该位置添加一个文字元素。

画板中的子系统元素为系统交互图的基本元素，用户先单击画板中的子系统元素之后，再在画布中要添加子系统的位置单击鼠标左键即可在该位置添加一个子系统元素。

画板中的关系元素为系统交互图的基本元素，用户先单击画板中的关系元素之后，在画板中鼠标左键单击要作为起点的子系统元素，再单击要作为终点的子系统元素即可在单击的两个子系统元素之间添加一条有向连线。

4. 操 作

1）需求工程导出设计工程

我们对系统进行设计时不会凭空进行设计，在进行设计之前已经采集了客户的需求并将其转化成了需求工程（如何将客户需求转化为需求工程详见本系列书《软件需求工程》），需要做的是在需求工程的基础上设计出符合客户需求的系统。

下面我们将制作完成的需求工程导出为设计工程：

鼠标右键单击需求工程，在右键菜单中选择"核格项目"→"导出设计工程"，如图 4-2 所示。

图 4-2 导出设计工程

在弹出的对话框中输入要导出的设计工程的名称后点击"完成"按钮，如图 4-3 所示。

图 4-3　填写设计工程名称

此时会根据需求工程自动导出一个设计工程，需求工程系统模块图中的部分内容已经自动生成了设计工程的部分内容。

2）设计子系统间的关系

双击鼠标左键打开系统交互图，如图 4-4 所示。

图 4-4　双击打开系统交互图

打开系统交互图编辑器后，我们会发现在导出设计工程时已经将需求工程系统模块图中划分的子系统加入到了系统交互图中，如图 4-5 所示。此时我们只需要重新排列这些子系统的位置，并将有依赖关系的子系统使用关系连线连接起来即可，如图 4-6 所示。

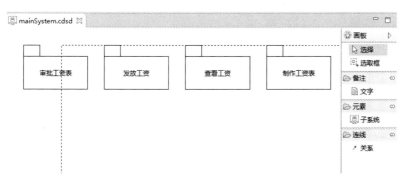

图 4-5　系统交互图编辑器

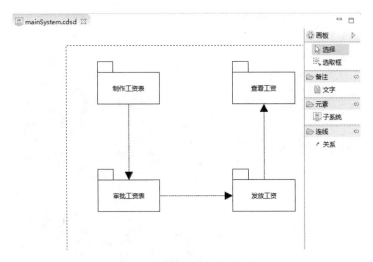

图 4-6　设计子系统依赖关系

4.1.3　案例分析

子系统设计主要是根据需求工程中的系统模块图进行设计的，图 4-7 所示为需求工程系统模块图。

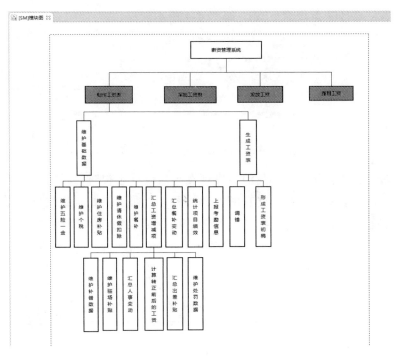

图 4-7　需求工程系统模块图

我们以这个系统模块图为基础，使用 4.1.1 小节提到的分析方法，可以将薪资管理系统拆分为以下 4 个子系统：

（1）制作工资表；

（2）审批工资表；

（3）发放工资；

（4）查看工资。

仅仅只分析出子系统还不够，我们还需要在系统关系图中说明各个子系统之间的依赖关系。

参考需求工程的业务场景图（见图 4-8），我们可以知道系统的业务主流程是先制作工资表，然后进行审批工资表，审批通过后再进行发放工资，工资发放之后才可以查看工资。所以可以由此分析出这几个子系统的关系应该就是审批工资表子系统依赖于制作工资表子系统、发放工资子系统依赖于审批工资表子系统、查看工资子系统依赖于发放工资子系统。

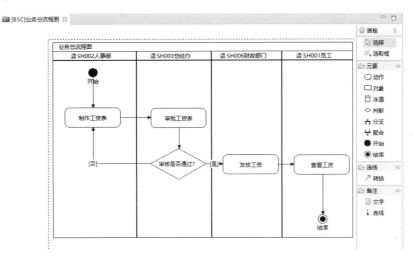

图 4-8　需求工程业务场景

最后，我们将分析得到的子系统以及它们之间的关系使用系统交互图表示出来，如图 4-9 所示。

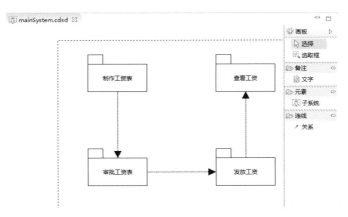

图 4-9　系统交互图完成效果

4.2 模块设计

4.2.1 分析方法

在一些小型的项目中，由于项目的关系简单、规模较小，所以有时候负责完成项目的往往是一个人或者几个人。此时对模块的概念和应用显得很少，因为项目规模较小的原因，模块划分的重要性难以体现。但是，在一些大型项目中，就必须充分考虑到模块划分，因为参与项目的人数往往有很多人，人员变动也很大，如果不充分进行模块划分的话，可能就会造成很严重的问题。这就好比在乡下盖房子，可以几个人承包下来，也不需要设计图纸，只要有石匠、木匠就可以搞定。但是如果在城市中建设一栋高层大楼的话，就必须要有设计师来进行设计，还得有各个部门来配合才行，否则就会造成很严重的后果。

1. 模块划分的方法

在很多项目设计过程中，对模块划分大多都是基于功能进行的。这样划分有一个好处，由于在一个项目的设计过程中，有着诸多的需求，而很多需求都可以进行归类，根据功能需求分类的方法进行模块的划分，使软件需求在归类上得到明确的划分，而且通过功能需求进行软件的模块划分使得功能分解、任务分配等方面都有较好的效果。

按照任务需求进行模块划分是一种基于面向过程的划分方法，利用面向过程的思想进行系统设计的好处是能够清晰地了解系统的开发流程。对于任务的分工、管理，系统功能接口的制定在面向过程的思想中都能够得到良好体现。

按任务需求进行模块划分的主要步骤如下：

（1）分析系统的需求，得出需求列表；

（2）对需求进行归类，并划分出优先级；

（3）根据需求对系统进行模块分析，抽取出核心模块；

（4）将核心模块进行细化扩展，逐层得到各个子模块，完成模块划分。

在很多情况下，在划分任务需求的时候，有些需求和很多个模块均有联系，这时，通过需求来确定模块的划分就不能降低模块之间的耦合了，并且有些模块划分出来后里面涉及的数据类型多种多样，显然这个时候根据系统所抽象出来的数据模型来进行模块划分更加有利。

在系统进行模块划分之前，往往都会有一个数据模型的抽象过程，根据系统的特性抽象出能够代表系统的数据模型。根据数据模型来进行模块划分，可以充分降低系统之间的数据耦合度，降低每个模块所包含的数据复杂程度，简化数据接口设计；同时，对数据的封装可以起到良好的作用，提高了系统的封闭性。

抽象数据模型的模块划分方案是一种基于面向对象的思想进行的。这种思想的特点就是不以系统的需求作为模块的划分方法，而是以抽象出系统的数据对象模型的思想对模块进行划分。利用这种思想进行模块划分的主要好处是能够以接近人的思维方式对问题进行划分，提高系统的可理解性，可以从较高层次上对系统进行把握。

按照数据模型进行模块划分的主要步骤如下：

（1）根据系统框架抽象出系统的核心数据模型；

（2）根据核心数据模型将系统功能细化，并将数据模型与视图等剥离，细化数据的流向；

（3）依据数据的流向制定模块和接口，完成模块划分。

2. 模块划分的准则

当系统被划分成若干个模块之后，模块之间的关系被称为块间关系，而模块内部的实现逻辑都属于模块内部子系统。对软件的模块划分要遵循一些基本原则，遵循基本原则进行模块划分所设计出来的系统具有可靠性强、系统稳定、利于维护和升级等特点。

设计模块往往要注意很多问题，好的模块划分方案可以给系统开发带来很多便利，提高整个系统的开发效率，而且对系统后期的维护难度也会降低不少。反之，如果模块划分得不恰当，不仅不能带来便利，往往还会影响程序的开发。

在进行软件模块划分的时候，首先要遵从的一个准则就是确保每个模块的独立性。所谓模块独立性，即不同模块相互之间的联系应尽可能少，并且尽可能减少公共的变量和数据结构。每个模块尽可能在逻辑上独立，功能上完整单一，数据上与其他模块无太多的耦合。

模块独立性保证了每个模块实现功能的单一性，接口的统一性，可以将模块之间的耦合度充分降低。在进行软件模块划分的时候，如果各个模块之间的联系过多，容易引起系统结构混乱，层次划分不清晰，导致有的需求和多个模块均有关联，严重影响系统设计。

对于模块独立性的好处，主要可以归纳为以下几点：

（1）模块功能完整独立；

（2）数据接口简单；

（3）程序易于实现；

（4）易于理解和系统维护；

（5）利于限制错误范围；

（6）提高软件开发速度，同时保证软件的高质量。

在软件设计的过程中，往往需要对系统的结构层次进行分析，从中抽取出系统的设计框架，通过框架来指导整个软件设计的流程。而一个良好的系统框架也是决定整个系统的稳定性、封闭性、可维护性的重要条件之一。

因此，在对软件进行模块划分的过程中，要充分遵照当前系统的框架结构。模块的划分要和系统的结构层次相结合，根据系统的层次对各个模块也进行层次划分。如果系统的模块划分和框架结构相违背的话，则会导致类似数据混乱、接口复杂、模块耦合性过高等问题的出现。

如果模块划分的方法主要是依据任务需求而进行的话，可以先将任务需求根据系统框架划分出系统等级。通过对任务需求的等级划分对模块划分起到引导作用，同时依照系统结构层次来对模块划分。

在进行模块划分的时候，在很多情况下不能够清晰地把握每个模块的具体内容，往往要从需求归类或者数据统一的角度上对模块进行设计。这种设计理念是对的，但是如果只是单纯地从这几个方面进行模块设计的话，那么也会导致在模块划分上出现另外一些情况。比如设计某一个模块，虽然数据接口统一，但是内部实现的功能非常多，单一模块的规模过大，包含的内容过多。

如果一个模块包含的内容过多，会导致程序实现难度增加、数据处理流程变得复杂、程序维护性降低、出错范围不易确定等情况的出现。同时，由于模块实现的功能丰富，则必然会导致接口也变得繁多，那么与其他模块之间的独立性就得不到保证。而且，一个模块包含太多的内容也会给人一种杂乱的感觉，严重影响对程序的理解。

在设计模块的时候，需要遵循每个模块功能单一、接口简单、结构精简的原则，设计时确保该模块的规模不要太大，接口尽量简化单一。这样的话，虽然可能会导致模块的数量比较多，但是能够确保模块的独立性，不会影响系统的整体框架结构。

4.2.2 工 具

在我们方法论配套的设计平台中，将以数据流图的形式进行模块设计。

数据流图是结构化分析方法中使用的工具，它以图形的方式描绘数据在系统中流动和处理的过程，由于它只反映系统必须完成的逻辑功能，所以它是一种功能模型。在结构化开发方法中，数据流图是需求分析阶段产生的结果。

数据流图或数据流程图（Data Flow Diagram，DFD），是描述系统中数据流程的一种图形工具，它标识了一个系统的逻辑输入和逻辑输出，以及把逻辑输入转换为逻辑输出所需的加工处理。

DFD 显示系统将输入和输出什么样的信息，数据如何通过系统前进以及数据将被存储在何处。它不显示关于进程计时的信息，也不显示关于进程将按顺序还是并行运行的信息，而不像传统的关注控制流的结构化流程图，或者 UML（统一建模语言）活动工作流程图，它将控制流和数据流作为一个统一的模型。

数据流图从数据传递和加工的角度，以图形的方式刻画数据流从输入到输出的移动变换过程。

1. 元 素

数据流：是数据在系统内传播的路径，由一组成分固定的数据组成，如订票单由旅客姓名、年龄、单位、身份证号、日期、目的地等数据项组成。由于数据流是流动中的数据，所以必须有流向，除了与数据存储之间的数据流不用命名外，数据流应该用名词或名词短语命名。

角色：表示数据的终点，代表系统之外的实体，可以是人、物或其他软件系统。

处理过程：是对数据进行处理的单元，它接收一定的数据输入，对其进行处理，并产生输出。

数据存储：表示信息的静态存储，可以代表文件、文件的一部分、数据库的元素等。

2. 向　导

在用户将需求工程导出为设计工程时，工具会自动提取需求工程中系统模块图里的子系统元素的子模块，并将其添加至对应子系统的数据流图中。

数据流图新增一个处理过程并保存后，资源管理器中的数据流图层级树中会为编辑器对应的节点添加一个子节点，编辑器中与那个处理过程通过数据流连接的元素也会被一起带进新的子节点中去。

3. 编辑器

图 4-10 所示为设计平台中的数据流图编辑器。

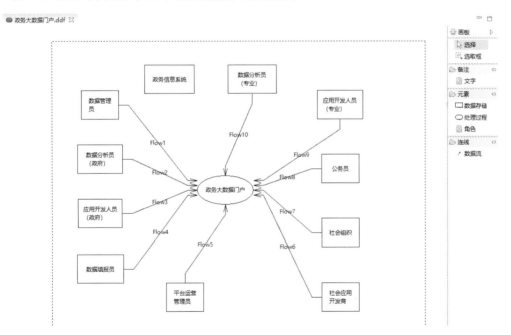

图 4-10　数据流图编辑器

左侧为编辑器画布，用来展示已完成的系统交互图。在画布上，用户可以对系统交互图元素进行新增、修改、删除操作。

右侧为编辑器画板，画板用来展示画布中可以存放的所有种类的元素，当用户想要新增元素时需要点击画板中的相应元素，之后再在画布中要新增的位置进行单击就可以新增相应的元素了。

画板中的选择元素可以用来选择画布中已有的元素，从而对其进行改变位置、删除等操作。

当用户想要同时移动画布中多个元素或同时删除多个元素时，可以选择画板中的选取框元素，通过选取框用户可以框选画板中的多个元素并同时对它们进行操作。

画板中的文字元素可以向画布中指定的位置添加文字备注，用户单击画板中的文字元素之后再在画布中要添加备注的位置单击鼠标左键即可在该位置添加一个文字元素。

画板中的数据存储元素为数据流图的基本元素，用户单击画板中的数据存储元素之后再在画布中要添加数据存储的位置单击鼠标左键即可在该位置添加一个数据存储元素。

画板中的处理过程元素为数据流图的基本元素，用户单击画板中的处理过程元素之后再在画布中要添加处理过程的位置单击鼠标左键即可在该位置添加一个处理过程元素。

画板中的角色元素为数据流图的基本元素，用户单击画板中的角色元素之后再在画布中要添加角色的位置单击鼠标左键即可在该位置添加一个角色元素。

画板中的数据流元素为数据流图的基本元素，用户单击画板中的数据流元素之后，在画板中鼠标左键单击要作为起点的元素，再单击要作为终点的元素即可在单击的两个元素之间添加一条有向连线。

4. 操　作

1）建立数据流图文件

在子系统设计完成后，设计工程树结构中会根据系统交互图划分的子系统自动生成若干个子系统节点，双击其中一个子系统节点可以打开该子系统对应的数据流图编辑器，用户就要在这个编辑器中进行模块设计，如图 4-11 所示。

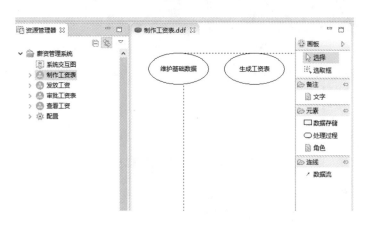

图 4-11　打开数据流图编辑器

2）添加数据流图元素

在画板中单击要添加的元素之后，在画布中要新增的位置单击即可新增一个元素。我们需要根据分析所得的结果将所有数据流图元素添加到画布中去，如图 4-12 所示。

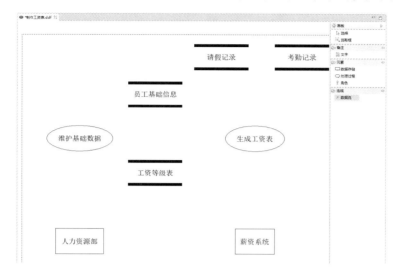

图 4-12　添加数据流图元素

3）设计数据流向

在数据流图中仅仅说明子系统有哪些模块是不够的，我们还需要设计数据在子系统各个模块之间的流向以及传递关系。

选择画板中的数据流元素，之后在画板中用鼠标左键单击要作为起点的元素，再单击要作为终点的元素即可在单击的两个元素之间添加一条有向连线用来表明两个元素之间的数据传递关系，如图 4-13 所示。

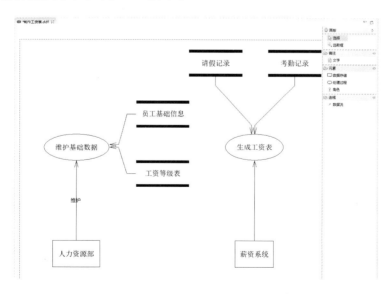

图 4-13　设计数据流向

4）设置最底层

当系统比较复杂时，我们仅设计一层数据流是不够的，还需要继续向下拆分，继续分析模块的子模块，因此需要表明哪些模块已经分析到最底层了，而哪些模块还可以继续向下拆分。

鼠标双击处理过程元素后会弹出一个弹出框，在弹出框中有一个最底层选项可以供用户进行选择（见图 4-14），若勾选了最底层选框，该处理过程在资源管理器中的数据流图树结构变为灰色，表示其已经是最底层，无法再进行拆分，如图 4-15 所示。

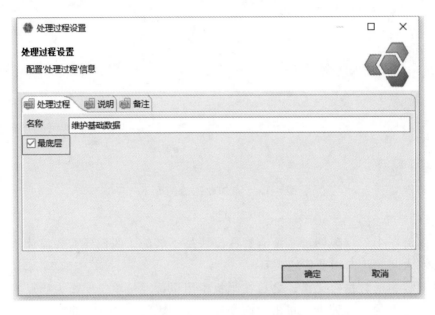

图 4-14　设置最底层

图 4-15　数据流图树中最底层节点与可继续拆分的节点

5）分析子模块的数据流

双击资源管理器中不为最底层的数据流图节点后可以打开子节点的数据流图编辑器。编辑器会将父节点编辑器中与子节点对应的处理过程与数据流连线连接的元素一同带到子节点数据流图编辑器中，如图 4-16 所示。

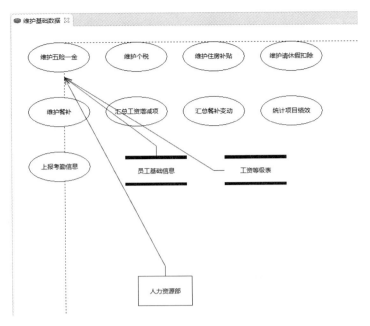

图 4-16 子节点数据流图编辑器

此时，我们就需要重复第 2）步至第 4）步继续对子模块进行分析。
最终的模块设计会得到如图 4-17 所示的结果。

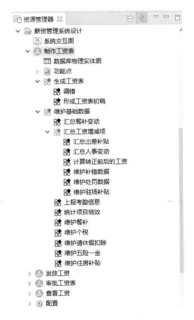

图 4-17 模块设计数据流图树结构

4.2.3 案例分析

在我们将需求工程导出为设计工程并完成子系统设计之后，接下来要进行的就是模块设计。

此时在设计工程树结构中，会根据系统交互图中划分的子系统自动生成若干个子系统节点，双击其中一个子系统节点可以打开该子系统对应的数据流图编辑器，并在这个编辑器中进行模块设计。

如何绘制数据流图呢？这里我们就要参考需求工程中的系统用例和系统情景。系统用例可以从计算机系统执行业务的角度来描述业务场景，而系统情景则是对系统用例执行过程的动态描述，如图 4-18、图 4-19 所示。

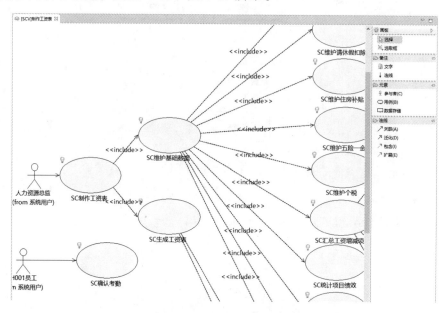

图 4-18　需求工程系统用例

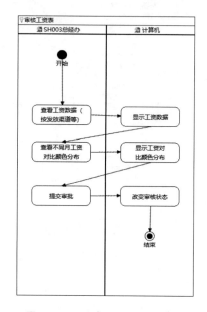

图 4-19　需求工程系统情景

根据系统用例图并结合 4.2.1 节的分析方法可以分析出图 4-20 所示的数据流图树结构。

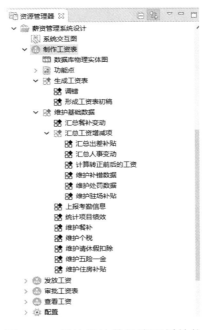

图 4-20   模块设计数据流图树结构

我们在系统用例图中可以找到处理过程相关的用例，之后打开用例对应的系统情景，此时可以详细地了解到处理过程相关的系统用例的动态执行过程，对这些信息进行分析整理归纳并结合上面提到的模块分析方法就可以绘制数据流图的内容了。

数据流图绘制的结果如图 4-21 所示。

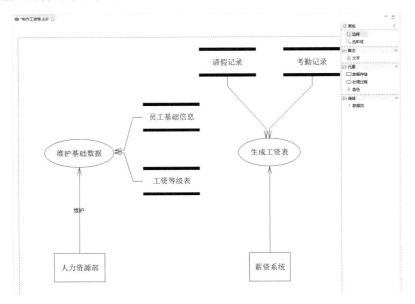

图 4-21   制作完成的工资表数据流图

4.3 服务设计

4.3.1 分析方法

1. 服务设计原则

1）标准化服务合约原则

服务合约原则指的是为服务建立标准化服务合约，通过标准化服务合约来规范限定我们的服务设计（逻辑依赖于合约，技术依赖于合约），从而抑制了服务在未来时间的演化。比如说服务的逻辑修改，服务的技术改变。

那么抑制了服务的演化究竟有什么好处？我们可以从思考问题的角度出发：

（1）服务是否能随便变更服务的功能？

（2）服务的功能变更、技术变更是否会影响其他依赖于该服务的服务？

（3）服务能否更好地被重用组合？

从上面几个问题，可以得出服务应该是非易变的（不管是技术设计上还是服务的功能逻辑上）。

所以我们需要设定服务合约：

功能合约通过为该服务的功能（逻辑）定义统一的描述语言，而该服务的逻辑必须依赖于合约所描述来实现（不允许有偏差）。功能合约同时也有利于服务开发者对服务的可发现性。

技术合约指的是服务的通信协议，服务的输入输出参数的数据模型。

2）服务松散耦合原则

服务松散耦合指的是服务与服务间的耦合性。耦合性太强，则限制了服务的演化能力。比如服务的功能粒度，如果功能粒度过高，则限制了服务的演化能力，如果功能粒度过低，那么则导致服务被大量的服务所依赖，依然被限制了服务的演化能力，且一旦演化，所需的考虑情况更加复杂。所以耦合性是一个值得注意的平衡点。主要表现为两方面：

（1）服务功能的粒度（这需要分析该服务的依赖关系与被依赖关系，服务组合的上下文关系）；

（2）服务输入输出参数的粒度。

3）服务抽象原则（信息隐藏、元数据抽象）

通常人的思维都是由他自身的认知来决定的，而认知的根本来源是信息。通过对信息的认知，我们才能更好地评估事物的价值。所以通过隐藏一些服务信息，提升服务使用的灵活性，使得我们的服务能在将来更好地演化，而不会影响已使用该服务的用户（用户根据所发布的服务信息来使用服务）。

4）服务可复用原则

服务可复用原则是作为服务设计原则中最基本的一个原则，复用性也是服务化的根本。

当一段代码只需要被一个目标场景所使用时，由于它专注于一组特定的需求，所以我们认为这段代码的使用范围是有限且可预测的，程序的设计、开发、测试都将会比较简单。

但是当一段代码需要考虑被多个目标场景所使用时，它自身所要考虑的业务上下文也变得多且复杂，这直接导致程序的设计、开发、测试都变得复杂困难了。

由于服务被多少目标场景所复用是由业务模型决定的，在考虑服务可复用性时，需要着重分析整个企业的业务领域，且定制企业的业务模型，分析各个业务模型之间的关系，这样才能更好地做到服务的复用性。

5）服务自治原则

当一个服务的逻辑单元由自身的领域边界内所控制，不受其他外界条件的影响（外界条件带有不可预测性），且运行环境是自身可控、完全自给自足时，我们认为这个服务是自治的。服务的自治性理论上来说应该是逻辑和数据都是孤立的（不依赖其他外界条件才能完成自身逻辑和不被其他服务直接访问数据）。

自治性原则带来的好处是由于服务的逻辑单元是自给自足的，其完全由自身把控，不受外界不可预测条件因素的影响，所以服务也会相对应地稳定。

领域会衍生出许多逻辑单元，这些逻辑单元就是服务。我们可以通过领域分析得到领域间的关系和领域内的各种逻辑单元，然后根据领域为边界来划分服务的边界，通过领域内自治来完成服务自治。领域内再细分服务模型，如实体服务和组合服务。实体服务是完全服务自治的，它不受任何外界条件影响，甚至不受自身领域内的其他服务的影响；而组合服务是由领域边界内的服务所组合而成，它的自治性依赖于被组合服务的自治性，所以也叫作组合自治。一个服务如果依赖的服务越多，那么则认为这个服务的可靠性越差，因为不知道所依赖的这些服务什么时候会带来变化。

自治也分为3种：

（1）实体服务的自治（完全自治）；

（2）组合自治（依赖于被组合服务的自治性）；

（3）领域自治（在领域内实现完全自治）。

6）服务无状态性原则

由于服务的无状态性，服务的消费者在消费服务时候，不需要携带额外的状态。所以服务的无状态性能提高服务消费者和提供者的伸缩性，能被更好地复用。

7）服务可发现性原则

服务的可发现性非常重要，因为服务是被用来复用的，如果在服务设计过程中，并不能发现一个已经存在的服务，可能会需要重新建立多个同样逻辑单元的服务，这会导致服务冗余（可能会一个逻辑单元有多个重复），从而也使得企业的服务架构膨胀、错综杂乱。

服务的可发现性分为两种：

（1）设计时发现（人）。

设计时发现指的是服务设计人员和研发人员在研发一个新的服务时，可以通过搜索服务仓库的元数据信息，查看服务仓库是否已拥有存在的服务，没有则重新开发。

（2）运行时发现（程序）。

运行时发现指的是服务的消费者可以通过服务注册中心查找特定服务的接口的调用地址，从而进行调用。

8）服务可组合性原则

服务可组合性和服务可复用性很相似，服务可组合性其实也潜在地要求了服务具备可复用性，可以认为可复用性是一种广义上的服务化架构根本，而组合性是具体的一个可复用性的形式。

如果某个事物能被分解，那么它也应该可以被重新组合。分解通常是由于其能带来好处，比如分解后每个小部分都得到很大的受益，再如可以被重新组合为不一样的整体。

积木通常是立方的木头或塑料固体玩具，一般在每一表面装饰着字母或图画，容许进行不同的排列。进行建筑活动积木有各种样式，可开发儿童智力，可拼成房子、各种动物等。

如果是一个已被固化的整体的玩具，那么它不具备重新组装性，它就不会被孩子自由的重新组合成新玩具了。

服务可组合性也一样，通过把一个具体的业务流程分解为各个单独的逻辑单元（服务），服务的设计者则可以复用、组合这些逻辑单元为一个新的服务。

2. 服务设计步骤

服务设计关键步骤包括基于业务流程的候选功能确定、服务封装、服务暴露以及服务接口设计。

1）基于业务流程的候选功能确定

面向服务的建模体系结构（Service Oriented Modeling Architecture，SOMA）是由IBM 提出的一种面向服务建模方法，为 SOA 实施提供一个方法论的指导，该方法把面向服务分析与设计分成以下三部分：发现服务（候选服务）、规约服务、实现服务。该建模方法是将前期需求分析业务组件作为建模的输入，建立候选服务列表，然后对选定的服务进行规范化描述，最后通过具体的编程技术实现服务。建模过程如图 4-22 所示。

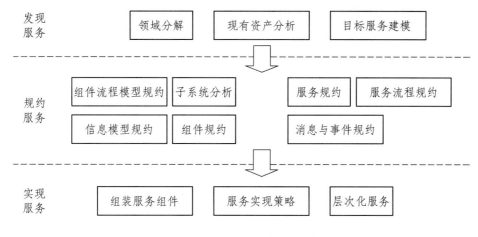

图 4-22　SOMA 建模过程

建模过程如下：

（1）发现服务：发现服务的主要任务是在项目确定的企业范围、业务流程范围、功能区域范围内寻找候选服务。主要方法包括领域分解、现有资产分析、目标服务建模。

（2）规约服务：规约服务的任务是对服务的各属性、服务间的依赖关系进行规范的描述。

（3）实现服务：实现服务的实质是对服务的实现进行决策，将服务分配到相应的服务组件中，然后逐个分析服务实现方式并进行技术可行性的验证。

候选服务指通过建模过程中发现服务所得到的结果，是系统所需的服务集合。但是在实际的情况下并不是所有的候选服务都能成为系统所需要的服务，只有合理的服务才能有助于系统的开发，所以必须通过一定的选定方法对候选服务进行选定。SOMA建模过程中服务选定的基本原则通常有可重用性、可组装性、业务对齐等，其中可重用性是候选服务选定最重要的原则之一，通过对可重用候选服务的选定可以提高服务建模的效率，减少系统开发中对某些重用候选服务功能的开发。

在服务建模中，一个候选服务即是一个功能系统，它包含完成某项业务的单个或多个功能。在候选服务可重用性选定基本原则下，通过完整分析功能系统中用例间的包含关系、扩展关系、泛化关系，合理选取可重用性功能用例，并运用 COSMIC-FFP功能点规模数度量方法分别计算出功能系统总的功能规模数及可重用部分功能规模数，再根据可重用规模数所占比值对候选服务进行选定。

服务发现采用自上而下、自下而上和中间对齐的方式，得到服务的候选者。

自上而下（业务领域分解）方式从业务着手进行分析，是将业务进行领域分解、流程分解，以及进行变化分析。

业务领域分解的结果：业务范围是一个业务概念，可以无缝映射到 IT 范畴。流程分解将业务流程逐级分解成子流程或者业务活动，直到每个业务活动都是具备业务含义的最小单元。流程分解得到的业务活动树上的每一个节点，都是服务的候选者，构成了服务候选者组合。将服务候选者按照某种方式进行分类是一件非常必要的事情，因此根据业务范围，服务候选者组合可以被划分为服务候选者目录。变化分析的目的是将业务领域中易变的部分和稳定的部分区分开来，通过将易变的业务逻辑及相关的业务规则剥离出来，保证未来的变化不会破坏现有设计，提升架构应对变化的能力。

自下而上方式是利用已有资产来实现服务，已有资产包括：已有系统、套装或定制应用，行业规范或业务模型等。

通过对已有资产的业务功能、技术平台、架构以及实现方式的分析，除了能够验证服务候选者或者发现新的服务候选者外，还能够通过分析已有系统、套装或定制应用的技术局限性尽早验证服务实现决策的可行性，为服务实现决策提供重要的依据。

中间对齐方式是帮助发现与业务对齐的服务，并确保关键的服务在流程分解和已有资产分析的过程中没有被遗漏。

业务目标建模将业务目标分解成子目标，然后分析哪些服务是用来实现这些子目标的。在这个过程中，为了可以度量这些服务的执行情况并进而评估业务目标，我们会发现关键业务指标、度量值和相关的业务事件。

结合这三种方式的分析，我们发现服务候选者组合，梳理出服务候选清单。

2）服务的封装

进行封装，意味着将东西放入一个容器中。在面向对象中，封装（encapsulation）是与信息隐藏密切相关的。信息隐藏原则认为，对象应该只能通过其公共接口进行访问，而对象的实现对其他对象来说是隐藏的，这样的对象就是容器。

面向服务中，与面向对象的封装原则相对应的是服务抽象原则，它也同样关注有意的信息隐藏。

服务和对象一样，也要封装其逻辑和实现（因为和对象一样，服务也是一种容器）。但是，在面向服务中，"封装"这个词更多地用于指定什么被装载在容器中（被封装）。实际上服务封装与一个基础的 SOA 设计模式非常相关，这个模式就是用于决定哪些逻辑适合作为个特定服务的一部分，哪些逻辑是不适合的。

服务的复用性、松耦合性和共享正式契约是 SOA 中服务设计的核心原则。而 SOA 区别于其他体系结构风格的特征是松耦合性。耦合代表的是服务与服务之间的关系。SOA 的初衷就是为了降低系统各个部分之间的耦合性，增强服务设计的复用性。但在 SOA 服务的设计中，服务粒度的大小在服务的复用性和松耦合性上产生了矛盾。服务粒度大，服务的松耦合性越好，但复用性较差；服务的粒度小，服务的复用性越好，但服务之间的耦合度较高。因此，为了解决这一问题，SOA 中往往采用多粒度的服务设计方法。

虽然在复杂的 SOA 环境中服务的不同类型具有不同的粒度，但归结起来可以用两种粒度实现 SOA 中的服务：细粒度服务和粗粒度服务。使用粗粒度的接口作为外部应用集成的最佳实践，服务组合和编排可以用来创建由细粒度服务组成的业务流程的粗粒度接口。

粗粒度服务：一个粗粒度服务对服务使用者提供的服务在业务逻辑中是有意义和可测量价值的，它在一个完整的业务目标中与其他粗粒度服务配合以实现明确的业务功能或操作。

细粒度服务：一个细粒度服务提供了较细粒度的操作，这些操作没有提供真正的业务价值，它与其他细粒度服务配合和协作，通过组合封装成为粗粒度的服务以实现业务价值。

本章讲述的就是相对细粒度服务的封装技术，为构建粗粒度的服务提供基础。这种细粒度的服务本文称为服务构件。

（1）服务构建封装的关键问题。

与面向对象技术相似，面向服务已成为独特的设计方法。但当项目经过 SOA 分析阶段，一组候选服务和服务构建摆在我们面前，如图 4-23 所示。

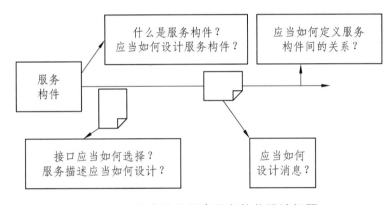

图 4-23　面向服务提出服务构件设计问题

以下就服务构件设计应该解决的问题，给出了服务构件的定义，提出服务构件的基本概念模型以及服务构件设计的一般步骤，并将接口作为连接面向服务架构与基于服务构件设计的关键。

本质上，SOA 是通过服务编排来提供业务附加值和网络价值。从服务消费者的观点来看，服务是通过类似于构件的实体，隐藏了其服务实现的契约接口来提供的。可以这样说，SOA 中每个服务都是高内聚、松耦合的构件结构，并且对外提供服务。下面给出服务构件的定义：

服务构件是一个封装的、自治的软件实体，它基于契约的方式通过其接口提供和实现了服务，并且隐藏了实现细节，是服务组合和编排的基本单元。

（2）服务构件的基本概念模型。

服务是网络环境下具有自治、自描述等特征的构件，因此合理的构件描述模型同样适用于服务构件。我们借鉴 Will Tracz 提出的 3C 模型（Will 1990）来描述服务构件模型。该模型从概念（Concept）、内容（Content）和上下文（Context）3 个方面来刻画服务构件，如图 4-24 所示。

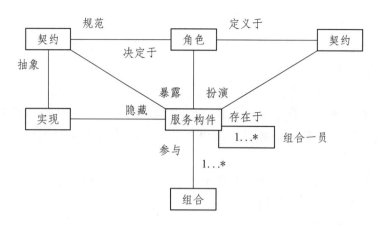

图 4-24　服务构件设计的基本概念模型

① 概念：是对服务构件做什么（What）的抽象描述，可以通过服务构件的概念了解服务构件的功能。服务构件的概念包括服务构件的接口规范和语义两方面。

② 内容：是对概念具体实现的描述，说明服务构件如何（How）完成概念所定义的功能。

③ 上下文：是服务构件执行环境之间的关系。上下文刻画服务构件的运行环境，为服务构件的选择和修改提供指导。

从上面的服务构件的基本概念模型可以看出，一个服务构件是一个软件实体。它是独立的、自包含的，具有清晰的目的，区别于其他服务构件而存在。一个服务构件的基本元素是它的语境、契约和实现。服务构件的本质是通过其契约实现内部和外部的分离。一个服务构件不是孤立存在的，在一个给定的语境下扮演一个特定的角色并实现通信。一个服务构件的角色是通过契约精确定义的。契约通过服务构件的实现而实现，并且通过语境中的中立接口隐藏。在上下文语境中服务构件之间通过服务组合提供更粗粒度的服务。

① 语境：各个服务构件的单独存在并无太大价值，除非这些服务构件能与其他服务构件组合在一起或被其他应用所使用。因此，基本的服务构件虽然是独立的、自包含的，但它并不是孤立存在的。无论在服务组合或业务流程编排中，服务构件都扮演着特定的角色，并且实现与其他服务构件或服务之间的通信。

② 实现：任何提供 Web 服务支持的执行环境都可以作为服务实现，这里的执行环境通常是某个软件系统或编程语言。所以，服务构件的实现可以有多种方式，比如新开发服务的实现，包装的传统应用的实现。

③ 契约：服务契约是服务的共同元数据的表现。它是标准化规则的表达，以及是需要由任何想要与服务交互的请求者所要履行的条件。

（3）服务构件的封装。

Web 服务是一种基于现有的被广泛接受和成熟的 Internet 技术的分布式应用程序技术框架，由 W3C 和 Internet 工程任务组（IETF）等组织设计。目前，SOA 的相关的开发技术以 Web 服务为主，但我们一定要认清，SOA 并不等同于 Web 服务。简单将遗留系统的应用封装成为 Web 服务不一定符合 SOA 的一般原则，因此也不能称为 SOA 中的服务。

目前，面向服务的分析与设计（SOAD）是 SOA 创建服务的主要方法。该方法主要包括服务发现、服务规约和服务实现。服务发现主要包括自上而下（领域分解）方式和中间对齐（业务目标建模）方式，从业务着手分解称为服务候选列表。下面我们结合理论的研究和服务构件的封装实践，介绍一下在服务规约阶段较为合理的服务构件设计一般参考步骤：

步骤 1：审视现存的服务。

封装服务的第一步是确认它是否是必需的。如果已存在的服务构件已经提供了该服务所能提供的部分或者全部功能，那么该服务所实现的操作功能可以用已存在服务构件来实现。

步骤 2：定义消息结构。

服务之间的通信是通过消息的传递完成的。因此，通过正式定义服务所需要处理的消息而开始服务接口设计是十分有用的。为此，我们需要在 WSDL types 域中形式化地定义消息结构。

步骤 3：确认语境。

当进行面向服务分析时，很自然地就集中到直接的业务需求。其结果是，在这个阶段产生的服务构件候选经常不考虑现存服务构件所建立的语境。因此，重新评估由服务候选所提议的操作分组，与现存服务构件设计相比将更重要。在重新评估服务语境的基础上，设计得会发现哪些操作是遗留系统具有的，哪些操作需要重新创建。通过确认语境可以重新调整操作分组。

步骤 4：派生抽象服务接口。

分析服务操作候选，并且遵循下述步骤定义初始的服务构件接口：

（1）使用服务构件候选作为主要输入，确保表示操作候选的逻辑划分的粒度能适当地通用和可复用。

（2）记录处理每个操作候选的文档输入和输出值。

（3）通过增加 portType（或 interFace）域（连同它的子结构 Operation）和必要的 message 结构来完成抽象服务定义。

步骤 5：应用面向服务原则。

面向服务原则是服务设计的一般原则。因为这一步骤规范能够指导服务构件的设计，可以重新审视及检查服务构件设计中自治性、松耦合和契约等原则。

步骤 6：标准化和简化服务接口。

即使服务构件的角色和用途与其他类型的服务（组合服务）不同，但只要基于相同的方式来设计即可。要实现此项要求，需要确保服务构件的 WSDL 定义基于相同标准和管理。以下给出几点服务构件设计的指导：

① 使用命名标准。命名标准定义和应用于：服务端点的名称、服务操作的名称和消息值。

② 谨慎使用命名空间。尽量使用基于规范元素的通用命名空间。

③ 尽量将服务操作设计为可扩展的。

3）服务暴露

（1）服务发布准则。

服务作为企业应用程序通过网络来通信，以提供一组特定的操作，而其他的应用程序能够调用这些操作。那么如何在纷繁复杂的网络上注册发布，以及如何在海量的信息群中快速定位查找到所需要的服务，是我们讨论的重点，下面详细介绍在这一过程中主要用到的 UDDI 协议。

UDDI 规范定义了一个集中式 Web 服务信息注册中心，它能够以 XML 格式存储和管理 Web 服务的各种元信息，并以 Web 服务的形式提供基于元信息的服务发布和发现功能。Web 服务标准 UDDI 使开发人员和企业不仅能够在网上发布服务，还能够找到网上某 Web 服务的位置。UDDI 提供了一个机制，能以一种有效的方式来浏览，发现 Web 服务以及它们之间的相互作用，并在一个全球的注册体系架构中共享信息，使商业实体能够快速、方便地使用它们自身的企业应用软件来发现合适的商业对等实体，并与其通信。

UDDI 是一个分布式的互联网服务注册机制，它集描述（Universal Description）、检索（Discovery）与集成（Integration）为一体，其核心是注册机制，实现了一组可公开访问的接口，通过这些接口，网络服务可以向服务信息库注册其服务信息，服务需求者可以找到分散在世界各地的网络服务，其作用主要是用来说明一个 Web 服务的一些信息类型，以便帮助服务的请求者确定 Who，What，Where，How 等问题。

WSDL 即 Web 服务描述语言，是服务描述中的基础规范，为各种各样的消息交互模式提供了支持，它支持请求/相应（Request/Response）、要求/相应（Solicit/Response）、单项（One-way）输入消息和通知（Notification）等消息交互模式。WSDL 增强支持文档化服务的协议和消息格式及服务的地址。WSDL 是服务内容的标准化描述，WSDL 文档规定了服务的功能、服务在 Web 上的位置、服务的接口描述、通信协议以及一些有关如何对服务进行访问的指令，还定义了 Web 服务所发送和接受的消息结构。WSDL 在 Web 服务交互中所扮演的角色如图 4-25 所示。

WSDL 信息模型采用抽象规范与规范具体实现相分离，也就是分离了服务接口（抽象定义）与服务实现（具体定义）的方式。服务接口规范描述了抽象接口，在 WSDL 中表示为端口类型。

（2）服务发布列表。

之前我们通过对招投标系统的分析，找出了服务候选列表，下面会经过分析来决定服务是否会暴露出来。决定一个服务是否暴露有以下一些通用的条件：

① 通过行业规范规定了的业务服务一般都需要作为公共服务进行暴露。

② 和业务目标相关的那些服务一般都需要作为对外的服务进行暴露。

③ 跨越业务部门边界的服务一般要对外暴露。

④ 可能需要在不同地区进行部署的服务一般要对外暴露。

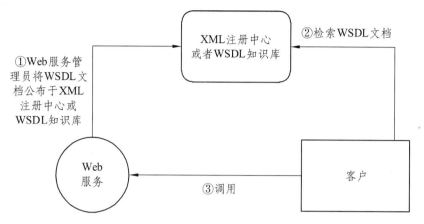

图 4-25　WSDL 在 Web 服务交互中所扮演的角色

4）服务接口设计

SOA 从设计思想的角度强调将系统划分为高可复用的服务，而从技术的角度解决的是异构接口的互通互联问题。为此，在 SOA 的服务之间需要一个统一的接口规范，新开发服务的接口都遵循这个接口标准，或者由 ESB 提供新接口到已有各种接口的转换。

SOA 的若干规范 SDO（Service Data Object），SCA（Service Component Achitecture），BPEL（Business Process Execution Language）都包含了接口定义内容。

作为一个服务的接口定义，需要包含以下内容：

（1）数据。

堆在一个服务于外界之间交互的数据定义。具体包括：

数据类型定义：可以使用 XML Shema 做数据类型定义，数据类型包括基本类型和复杂类型。

数据格式：指在内存、文件或者网络上的各种数据类型的数据如何存放。为了解决不同的语言（如 Java，C 等）在内存里存放数据的格式不相同的问题，一般使用字符描述复杂类型数据格式，其典型应用是使用 XML 格式。

数据内容：一般划分为技术和业务两个层次。技术层面的内容一般是在服务和外界之间交互的数据报文头信息；业务层面的内容就是数据报文内容信息。

（2）交互方式。

定义服务和外界交互的方式，即消息交换的方式。具体包括：

接口交互方式：常用的有两种。请求应答方式，即外界客户端向服务系统先发送一条数据作为请求，服务给外界客户端返回另一条数据作为应答；推送方式，即服务系统向客户端先发送数据，没有反向的数据。

接口状态：分为有状态接口和无状态接口。无状态接口：在对同一个服务的接口进行的多次调用之间不维护任何状态的接口类型。有状态接口：在对同一个接口的多次调用之间可以保持状态的接口类型。

同步、异步和回调方式调用接口：对于客户端来说是立即（同步）得到调用返回的结果，还是在调用结束后再另一个接口获取结果数据，或者是被调用的服务通过调用者实现提供的一个接口把数据发送给调用者。

接口调用规范：接口调用的会话机制，多个接口之间的调用顺序和规则，包括同一个服务的多个接口之间的调用规则，多个服务的多个接口之间的调用规则。

通信方式和通信协议：服务接口是远程接口，需要基于一定的通信方式和通信协议，例如 TCP、HTTP、SOAP、MQ 消息中间件等。

其他规范的定义，如接口使用的安全策略、调用的事务性、日志记录等。

基于 SOA 的面向服务理念，SOA 中国标准体系白皮书提出 SOA 的下述一些特点：SOA 是一种用于指导分布式系统构建的方法学，它倡导基于不同技术不同平台开发出来的服务组件能够快速地、自由地组合起来，以满足用户的需要，而这些组件彼此之间又是独立的，每个组件能在不依赖其他组件的条件下完成一定的功能。

基于 SOA 服务组件模块化和松耦合的特点，SOA 服务接口间的联系可能呈现一种网状的结构，且其网状结构可能随时因业务需求的变动而发生变化，其接口设计和关联相当复杂，因而实现上复杂多变、改动困难，不易达到 SOA 可重构性和扩展性的要求。

因此，设计服务接口时，首先需要恰当控制服务接口粒度，这样才能有效简化接口的数量和接口间的联系。服务接口粒度过粗，接口数量少，关联简单，但是每个服务组件需要完成功能过多，独立性很差，很难达到 SOA 要求的效果；服务接口粒度过细，接口数量过多，关联繁杂，开发难度大，修改和维护会十分困难。

（1）优化服务接口粒度。

根据服务需求将服务拆分，拆分后的服务由一系列单独的不可分的服务功能实现。这些功能被要求能够完整和独立的实现（即至少在某一种状况下，一个功能可以不需要其他任何功能的协助即可单独实现，也就是不可分性），彼此不能重复，仅在逻辑上有先后次序，将这些功能按一定方式和顺序组合后即可实现服务需求，并且保证如果某一个功能需要完善和提升性能，那么只需要改动其本身，而不影响其他功能的具体实现或者不需要新增加一个功能以补充原有的服务缺陷。如果不能满足上述要求，则需要对服务需求重新进行拆分，使拆分后的功能达到要求。将每一个单独的功能对应一个服务组件来实现，这样服务组件的独立性就可以满足，并且服务接口的粒度不至于过细（至少能够完成某一功能）。如果需要服务组件的重构，因为对应功能的要求，仅需要对单独的组件进行重构或者新增服务组件即可。

对外提供服务的 SOA 服务接口则应该是完全由内部服务接口组成，并且以松耦合的方式实现，只要内部服务接口确定了，就可以由其任意组合得到外部的服务接口。因而外部的服务接口是松耦合的内部服务接口集，属于粗粒度接口，其接口粒度由耦合的内部接口数量和关联复杂度确定。外部服务接口为内部服务接口的耦合，还可以对用户屏蔽内部复杂的接口关联和服务实现，使整体的服务能够呈现出简洁的特性。

综上，内部服务接口是由不可分的服务功能确定其接口粒度，接口粒度较细；而外部服务接口则是由内部服务接口组合而成，粒度较粗。总之，服务组件和接口的粒度应该由服务功能来确定。

（2）服务接口层。

如果仅是对服务组件和接口的粒度进行优化，那么实际的服务接口设计依然相当复杂。为了达到 SOA 的服务可以自由组合的目的，服务组件的关联还需要是动态的，可以随意变化的同时不影响服务组件内部的功能和其他服务组件的实现，这就要求服务接口可以随意改动并且动态建立（包括可以由用户自定义的接口）。

一种可行的改变方式是：将所有接口都独立出来，这样只需要一套接口信息即可，并且独立出接口还可以提高组件的内聚度，使之达到松耦合的效果。为了管理所有独立的接口，还需要引入服务接口平台，如图 4-26 所示。

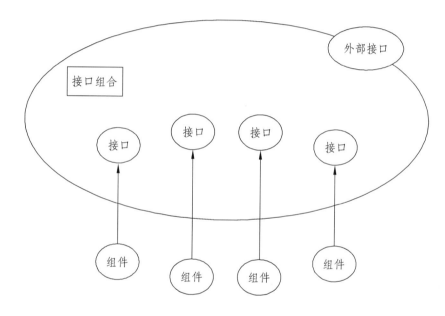

图 4-26　服务接口平台示意图

这个服务接口平台的作用包括：① 将所有服务组件的对外接口统一设置为通过对应接口即可实现组件的完整功能，也就是其他组件调用某个组件的时候，只需要通过这个接口就可以要求这个组件实现其完整功能；② 将所有上述接口信息都写入服务接口平台，包括接口的属性、关联结构和更改信息；③ 服务接口平台在所有服务组件之上，连接所有服务组件；④ 所有服务组件仅保留与服务接口平台间的接口；⑤ 如有服务组件需要调用其他组件，由服务接口平台提供相应组件对应的接口信息，组件间不直接完成通信，而是必须通过服务接口平台来间接实现。

引入这样的服务接口平台，主要是为了统一记录接口信息，并且达到减少接口数量的目的。引入平台后，需要的接口数量就是对应的组件数量，而组件间的关联组合变成了对平台中记录的接口进行关联组合。平台中记录的接口信息可以包括接口在平台中进行组合的方式，以及组合得到的网状结构，有一些简单的方式，比如，多维数组，向量表等，即可实现上述结构的记录。通过这些记录下的网状结构，平台下面的服务组件可以实现彼此的关联组合。这样一来，还可以随时按照服务需求对服务组件的组合方式进行变更，变更时仅需修改平台中的接口组合结构的记录。

前文引入了服务接口平台，记录了相应所有组件的接口信息及其组合结构。为了实现对这个平台的管理，在这个平台上还需要增加一个服务管理层，这个管理层需要实现以下功能：① 负责管理所有内部服务组件的接口信息及其组合的结构，包括对接口的增减、修改和组合结构的变更；② 增减、修改内部接口组合结构的信息由管理层完成，这些信息要按照对外服务的需求进行组织和变更，且只能从管理层写入这些信息，而不是从下属的服务组件写入；③ 用户可以通过服务定制接口（服务接口平台中的对外接口）自定义接口组合，以更好地配合实现自己的服务需求，这样就大大提高了 SOA 服务的灵活性；④ 负责记录各个服务组件和接口的使用状况（包括出错率、使用频率等，由服务提供商决定），为服务提供商改进服务提供更好的依据。

上述方法，不仅使服务接口独立于服务组件存在，增加了组件的独立性和内聚度，而且大大增加了接口的自由组合能力，对接口的管理也变得相对简单，提高了接口对应的组件的灵活性，还提供用户自定义接口组合的功能，使服务组件可以由用户定义组合，完成用户自定义的对外服务功能，同时具备统一的服务组件和接口管理能力，让服务提供商和用户都能更好地管理整个服务流程，也使得服务可以按照服务进行整套流程提供，而不仅是一个个单独的服务模块。

4.3.2　工具

1. 元　素

针对服务设计工具，其主要元素说明如表 4-5 所示。

表 4-5　服务设计元素表

元　素	说　明
基本连线	基本连线是构件跟构件的通信方式，通过源构件服务到目标构件引用的连线，实现了两构件间的数据交互
Promote 连线	通过 Promote 连线，暴露模块内部构件元素，提供对外访问接口
服务	表示由本构件提供给其他构件使用的业务功能
引用	构件的功能由其他构件的服务提供，在构件环境中通过引用来进行指定。在运行时，根据配置找到引用对应的服务，并注入构件实现当中，类似依赖注入
参数	这是一些影响构件功能的参数值，Java 代码中通过@Property 进行注入
Java 构件	Java 构件实现类型为 Java 类，通过 Java 属性设置实现。指定构件实现，Java 构件将根据实现类内容自动进行装配

元　素	说　　明
组合构件	通过基础构件组装后形成的构件
逻辑构件	与业务逻辑流绑定的构件
WS 绑定	通过在 promote 连线上添加 WS 绑定，使得服务成为一个可用的 WebService 服务，引用可以调用一个 WebService 服务
REST 绑定	通过在 promote 连线上添加 REST 绑定，使得服务成为一个可用的 REST 服务，引用可以调用一个 REST 服务
注释	添加相关备注信息

2. 向　导

工具内置向导，能够快速地实现服务设计，其主要包括快速创建 Java 服务构件与组合服务构件。

1) 快速创建 JAVA 构件

拖拽"资源管理器"视图中的 Java 类到编辑器中，会自动根据 Java 类中定义的 SCA 注解快速创建构件元素，如图 4-27 所示。

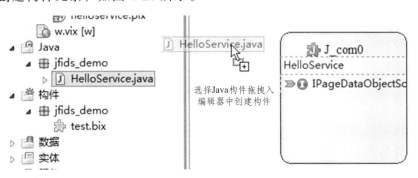

图 4-27　快速创建 Java 构件

2) 快速创建组合构件

组合构件可支持服务库跟 six 文件的拖拽创建。拖拽"资源管理器"视图中的 six 文件，会自动解析该 six 文件内容，如图 4-28 所示。

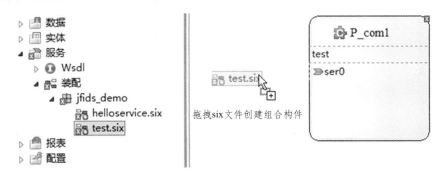

图 4-28　快速创建组合构件编辑器

服务装配编辑器是一个可视化的组合构件（Composite）设计器。通过该编辑器用户可以直观地看出组合构件中包含的各个构件，以及构件之间的引用关系等。编辑器界面如图 4-29 所示。

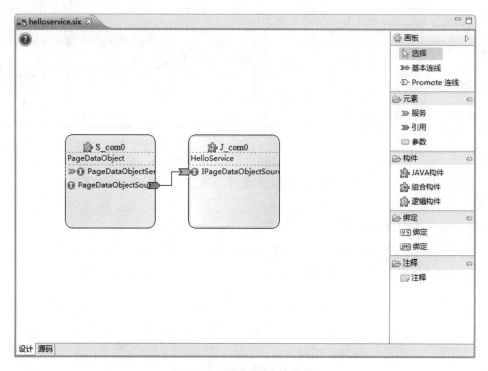

图 4-29　服务设计编辑器

服务装配编辑器的选用板中包含了服务装配编辑器支持的各种图元和行为动作，下面就一一介绍选用板中的各种元素（见图 4-30）。

图 4-30　服务设计画板连线

基本连线：用来指定构件引用所消费的目标服务。基本连线的源是构件中的引用，目的地是构件中的服务。

Promote 连线：当构件需要对外提供调用的话，则需要通过 Promote 暴露其内部元素。

服务，引用，参数：通过这三个选用板元素可以为构件添加服务、引用或属性。目前只有 Java 构件才支持动态删减。

Ws 绑定：应用于构件的服务和引用。它说明了如何使得一个服务成为可用的 Web 服务以及引用如何调用一个 Web 服务。

Jms 绑定：应用于构件的服务和引用。Jms 绑定描述了与消息相关的绑定的通用的行为模式。

注释：向构件装配图中添加注释。

3. 操　作

进行服务设计时，该工具关键步骤包括建立服务设计文件、拖拽创建服务、进行服务装配、利用 Promote 连线提升服务、绑定相关协议进行服务发布。

1）建立服务设计文件

在工具的工程中，右键"新建服务"，在弹出的对话框中输入对应的服务名称，即可完成对应的服务建立，如图 4-31 所示。

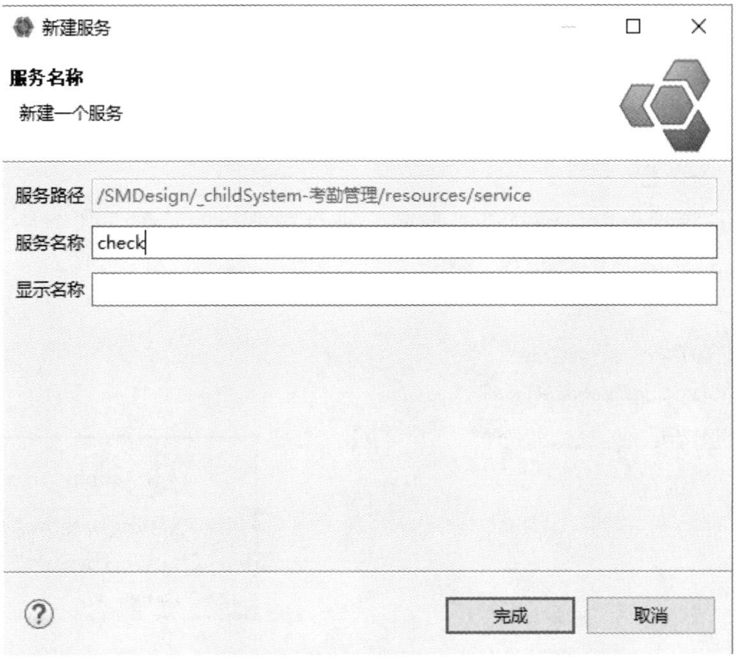

图 4-31　建立服务文件

2）拖拽创建服务

在编辑器右侧画板中，选择 Java 服务构件，进行服务创建，如图 4-32 所示。

图 4-32　建立服务

3）进行服务装配

在编辑器右侧画板中，通过基本联系，进行服务间的装配，如图 4-33 所示。

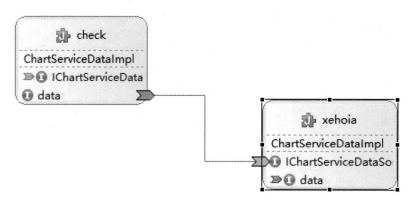

图 4-33　服务装配

4）Promote 提升服务

如果该服务需要进行对外暴露，需要通过 Promote 联系对服务进行提升，如图 4-34
所示。

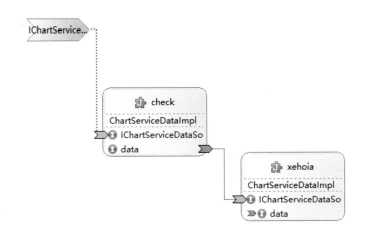

图 4-34　服务提升

5）绑定协议

如果该服务需要对外发布，则通过画板绑定元素进行协议绑定，如图 4-35 所示。

图 4-35　协议绑定

4.3.3 案例分析

在前面，我们对服务设计相关方法进行了描述，接下来结合一个案例，来对服务设计进行分析。

在薪资管理系统中，审批薪资表流程和用例规约如图4-36、图4-37所示。

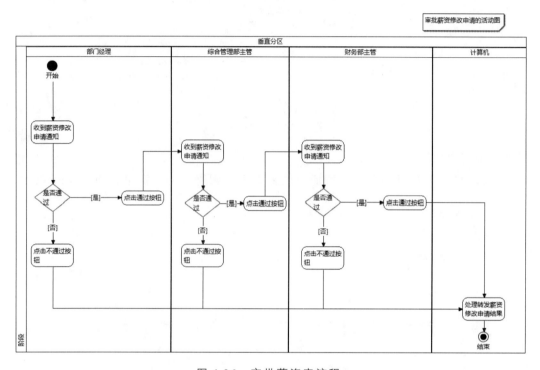

图 4-36 审批薪资表流程

	A	B	C	D
0	系统情景名称	SSA_审批薪资修改申请	测试用例编号	
1	用例描述	部门经理，综合管理部主管，财务部主管对薪资修改申请进行顺序审批		
2	执行者	部门主管,财务部主管,计算机,综合管理部主管		
3	输入	薪资修改申请		
4	输出	修改状态后的薪资修改申请		
5	前置条件	提交薪资修改申请		
6	后置条件	查看薪资表		
7	主事件流描述	1.部门经理进入审核薪资修改申请页面，对薪资修改申请进行判断是否通过 2.综合管理部进入审核薪资修改申请页面，对薪资修改申请进行判断是否通过 3.财务部进入审核薪资修改申请页面，对薪资修改申请进行判断是否通过 4.计算机修改申请状态，存储审核结果。		
8	分支事件描述	1.若通过，将薪资修改申请转发给下一位（部门经理→综合管理部→财务部），最后计算机将申请状态为通过并修改薪资记录。 2.若不通过，计算机将申请状态改为不通过直接结束。		
9	异常事件描述	无		
10	业务规则	无		
11	涉及的业务实体	薪资修改申请表		
12	注释和说明	无		

图 4-37 审批薪资表用例规约

根据以上业务情景，我们根据前面所提的服务设计步骤，来建立服务模型。

1. 候选功能确定

我们可以对该业务流程进行分析从而获取其对应的服务。服务发现采用自上而下、自下而上和中间对齐的方式得到服务的候选者，我们可以得出如下候选服务：

薪资修改通知服务；

薪资更新服务；

薪资存储服务。

2. 服务的封装

服务封装主要是将相关的服务实现组合起来形成最终提供的业务服务。在本例中，这些候选服务主要是通过以下实现的封装来形成的。

1）薪资修改通知服务

包含的实现逻辑：信息发送、信息存储、数据库存储、数据连接。

2）薪资更新服务

包含的实现逻辑：信息更新、数据库更新、数据库连接。

3）薪资存储服务

包含的实现逻辑：数据库存储、数据库连接。

3. 服务暴露

这里要做的事情是决定哪些服务是需要被暴露出来的，这不是一个容易决策的过程，需要根据具体的情况及业务的要求来决定。但是，一些通用的条件可以帮助其做出决定：

（1）通过行业规范规定了的业务服务一般都需要作为公共服务进行暴露。

（2）和业务目标相关的那些服务一般都需要作为对外的服务进行暴露。

（3）跨越业务部门边界的服务一般要对外暴露。

（4）可能需要在不同地区进行部署的服务一般要对外暴露。

在本例中，经过分析，得到表 4-6 所示的服务暴露列表，决定哪些服务是需要进行暴露的。

表 4-6　服务暴露列表

服务列表	是否暴露
薪资修改通知服务	否
薪资更新服务	是
薪资存储服务	是

4. 服务接口设计

在服务设计中，需要梳理出每个服务具体的输入与输出。每个服务的输入与输出主要根据业务流程分析与服务接口设计方法相配合，形成最终的服务接口，在本例中，我们定义如下的服务接口及对应的服务实现说明。

1）薪资修改通知服务

输入参数：

通知人信息；

修改人信息；

通知时间。

输出参数：

通知状态（是否正确发送通知信息）。

2）薪资更新服务

输入参数：

薪资信息；

修改人信息；

修改时间。

输出参数：修改结果（是否修改成功）。

3）薪资存储服务

输入参数：

薪资信息；

存储时间；

操作人信息。

输出参数：存储结果（是否正确存储）。

通过上面的步骤，我们已经基本建立了该流程的服务模型。服务模型可以帮助我们很好地了解每一个业务流程是由哪些服务组成的，以及每个服务的接口信息是什么。

4.4 业务逻辑设计

4.4.1 分析方法

1. 控制逻辑流程梳理

在此阶段需要明确要设计的业务逻辑流构件由哪些功能组成，以及为什么需要这些功能。

1）明确需求

开发项目的前提之一就是将需求并明确。设计人员需要清楚项目需要哪些功能，才可以在设计业务逻辑流的过程中有方向感和目的性。

就像盖房子一样，工人在开工之前需要向经理或者客户了解需求，屋子需要什么设计，然后统计需要的物资材料。如果需求和物资没有做好准备就开工，那么后果就是慌忙地寻找购买材料以及不停地推倒重建。这样不论是对开发商还是客户，都会大幅提高开发成本和开发周期。

2）功能整理及逻辑控制

每个功能都是由数个粒度更小的功能组成，在这个阶段需要分析实现的业务逻辑流是由哪些功能组合而成，并且将实现的逻辑整理出来。这个过程相当于把这个业务逻辑流的框架搭建了起来。

例如，需要设计一个数据持久化的业务逻辑流，就要考虑这个功能需要哪些步骤完成。首先，在保存数据之前，往往需要权限验证或者数据格式验证，所以一定需要一个验证的功能。其次，需要保存数据的功能，在判断验证的结果之后决定是否持久化数据；最后，需要返回持久化数据是否成功的结果，所以还需要一个返回消息的功能。业务流程如图 4-38 所示。

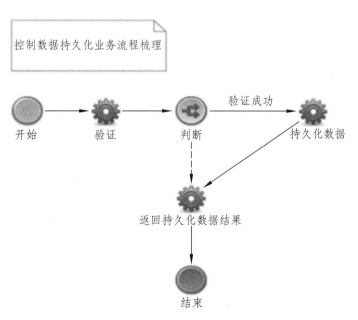

图 4-38　控制数据持久化业务流程梳理

一个持久化数据的业务逻辑流框架基本梳理完毕了，这是一个结合业务需求的设计过程，类似于一张图纸，之后的步骤都需要在此基础上进行设计，所以这个阶段很重要，是业务逻辑流设计的基础。

2. 服务梳理

此阶段是根据业务逻辑流梳理的结果，分析哪些功能属于服务，以及哪些功能只是属于简单的逻辑处理，然后将服务的详细功能列举出来。两者的区分界限为此功能是否具有实际的业务意义。

拿盖房子来说，工人向客户询问房子需要盖多少层，客户告诉工人只需要盖一层。在这个过程中，客户提供答案相当于一个赋值的功能，工人根据这个值决定盖几层。盖房子属于服务的范畴，而客户的答案则不属于服务。

以图 4-38 为例，验证功能需要登录权限验证、字符长度验证，持久化数据功能需要将数据保存到数据库，返回结果需要将判断失败或者持久化结果以数字的格式返回调用者。其中的判断功能并不具备实际的业务意义，而其他功能具备。

验证也算作服务，原因是"完整性约束（Validation）"是业务逻辑的一部分，在业务逻辑流中具有实际业务意义。而这里的持久化数据属于广义的业务逻辑，并不是狭义上的数据访问层中的持久化数据。

所以验证、持久化数据、返回结果属于服务，而判断不属于服务。我们需要将所有服务需要的功能梳理列举出来，为后续开发设计做准备。

3. 是否开放接口

此阶段是结合逻辑流程梳理以及服务梳理得到的结果分析哪些服务需要开放接口，哪些服务自身便是实现类。

在业务逻辑流中，是否开放接口需要根据实际情况来分析，如果某个业务逻辑流会被重复用到，并且该服务有可能出现更换或者扩展实现类的情况，则需要开放接口。反之，如果某业务逻辑流中的构件不需要进行扩展或更换实现类，则不需要开放接口，直接将实现类固化在业务逻辑流中。

以图 4-38 为例，验证服务在项目开发中并不是一成不变的，A 模块需要验证用户是否登录，但是 B 模块在验证登录之后还需要验证数据是否为空。数据持久化服务在 A 模块中只需要保存到数据库即可，但是在 B 模块中，在保存到数据库之后还需要持久化到 Excel 表格之中。A、B 两模块之间的相同点都是需要登录验证，将数据持久化到数据库，返回消息；不同点是 B 模块比 A 模块多了验证和持久化的步骤。所以验证和持久化数据需要开放接口，方便其他模块实现自己独有的实现类，而返回消息服务则不需要开放接口，因为每个模块都需要得到返回的操作结果。项目后期需求有变更，比 B 模块在持久化数据时，还需要再增加一个数据长度的验证，只需要再写一个验证数据长度的实现类实现验证的接口即可，不需要修改原先的代码。以此类推。

如果没有开放验证的接口，将其作为实现类固化在业务逻辑流中，那么为了同时实现 A、B 两个模块，势必会修改现有代码，如图 4-39 所示。

上述满足需求明确并且不再更改的情况，但是如果需求有变更，其他模块在验证时各自的验证条件不同，则还需要修改现有的代码甚至重新编写实现类。对于项目质量以及开发人员来说，都是很大的负担。

所以此阶段一定要设计好哪些服务需要开放接口，用抽象构建服务，用实现扩展细节。因为抽象灵活性好，适应性广，只要抽象的合理，可以基本保持系统架构的稳定。而系统中易变的细节，用从抽象派生出来的实现类来进行扩展，当系统需要发生变化时，只需要根据需求重新派生一个实现类来扩展就好了。只用接口提供服务，可以充分降低程序的耦合，提高程序扩展性、复用性以及可维护性。

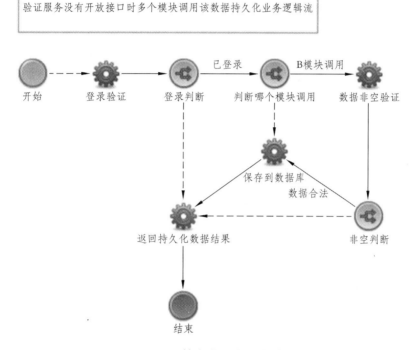

图 4-39　持久化业务逻辑流

4.4.2　工　具

1．元　素

业务逻辑画板如图 4-41 所示，下面分别介绍其中的元素。

1）开始节点

开始节点表示整个业务逻辑流的开始，一个业务逻辑流文件只能存在一个开始节点。

2）结束节点

结束节点表示业务逻辑流的终止。

3）赋值节点

赋值节点表示为全局变量或者方法中的变量赋值。值类型有三种：

（1）变量。变量就是将一个变量作为值赋给另一个变量。

如：String zsName = "张三"；

String name = zsName；

（2）常量。此处的常量并非是常说的 final 变量，而是直接将一个固定的值赋给一个变量。

如：String name = "张三"；

（3）表达式。即该变量的值是我们通常认识的表达式。

如：String firstName = "三"；

String lastName = "张"；

String name = lastName + firstName；

4）自定义节点

自定义节点表示该节点内的内容完全由开发者自由编写，用来补足构件的不足，延伸程序功能。

5）空节点

空节点没有实际意义，其作用在于调整业务逻辑流图结构，如汇聚节点，聚合连线。

6）判断节点

判断节点用于决定业务逻辑流构件走向，方法为通过判断条件得到的布尔值来决定执行哪个节点。

7）判断连线

判断连线表示通过判断节点，当判断条件成立时执行的连线。

8）默认连线

默认连线表示通过判断节点，当判断条件不成立时执行的连线。

9）循环节点

循环节点表示该节点的内容为一次循环,循环方式为 for 循环、while 循环、do-while 循环 3 种。

10）结束循环节点

循环执行完毕后的下一个节点。

11）中止连线

条件分支或循环中的 break 连线。

12）事务开始节点

事务开始节点表示数据库开启事务。

13）事务提交节点

事务提交节点表示提交事务的所有操作，具体来说就是将事务中所有对数据库的更新写回到磁盘上的物理数据库中，事务正常结束。

14）事务回滚节点

事务回滚节点表示数据库返回到事务开始的状态，事务在运行过程中发生某种故障而不能继续执行，系统将事务中对数据库的所有已完成的更新操作全部撤销，使数据库回滚到事务开始时的状态。

15）连线

连线为业务逻辑流最基础的元素之一，其具体含义是连线源端节点执行完毕后执行连线目标端节点，为顺序执行。

16）异常连线

相当于一个 case 连线，需要配合捕获异常功能一起使用。

2. 向　导

业务逻辑流可以由系统用例元素自动生成，也可以用户自己新建。每个用例元素都会生成对应的业务逻辑流文件。

3. 编辑器

图 4-40 所示为一个简单的逻辑流例子，由开始节点连线到赋值节点，赋值节点执行完毕后执行自定义节点，连线到结束节点后业务逻辑流执行完毕。

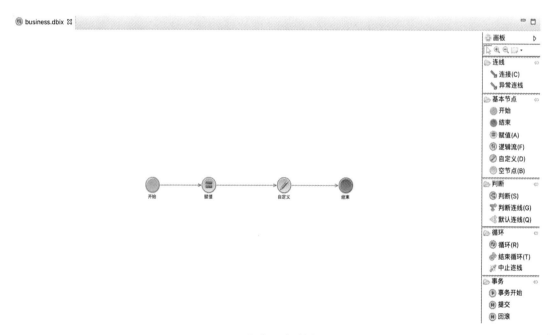

图 4-40　业务逻辑编辑器界面

4. 画　板

画板内的节点在上面的元素中已经进行了介绍（见图 4-41），在此不再赘述。

图 4-41　业务逻辑画板

5. 业务逻辑构件库

图 4-42 中的业务逻辑流构件都是由开发人员自己编写上传的，每个构件实际含义都为 Java 方法。

图 4-42　业务逻辑构件库

6. 操　作

每个子系统元素都会有业务逻辑流模块。在平台中的通用操作：右键业务逻辑流新建业务逻辑，右键选中业务逻辑新建业务逻辑流文件，即可在该文件右侧的编辑容器内绘画业务逻辑流了。

4.4.3　案例分析

以薪资管理系统中的财务部出纳发工资为案例。财务部出纳有两个系统用例，分别是拆分成银行指定薪资表和查看审核后的薪资表，如图 4-43 所示。我们接下来详细分析一下拆分成银行指定薪资表用例用业务逻辑流应如何表示。

1. 明确需求

此用例的目的是将一份 Excel 表格按照指定格式拆分为两张表格，拆分格式已知。

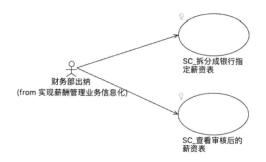

图 4-43　财务出纳用例图

2. 功能整理

要实现此用例，需要如下几个构件：

（1）验证身份是否合法。

（2）获取薪资 Excel 表。

（3）验证表内容是否合法。

（4）判断。

（5）创建两份 Excel 文件。

（6）返回结果。

接下来再分析哪些构件需要开放接口。

验证身份、获取表格内容、验证、创建表格 4 个构件不仅本模块会经常用到，其他模块或项目也会用到，所以需要开放接口。而返回结果构件不同，因为其返回格式不固定，且较为简单，所以不需要开放接口。

绘制后的业务逻辑流就梳理出来了，如图 4-44 所示。

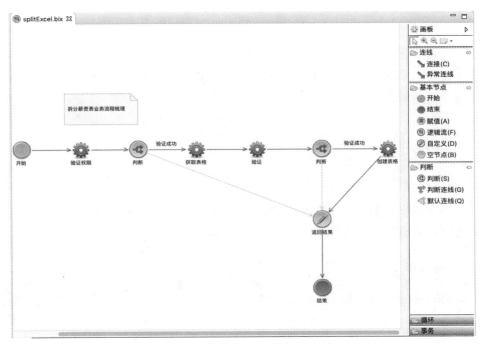

图 4-44　绘制完成的业务逻辑流

4.5　微服务

4.5.1　概　述

系统的架构设计一直都是 IT 领域经久不衰的话题之一，是每个系统构建过程中极其关键的一部分，它决定了系统是否能够被正确、有效地构建。系统架构设计描述了在应用系统内部，如何根据业务、技术、组织、灵活性、可扩展性以及可维护性等多种因素，将应用系统划分成不同的部分，并使这些部分之间相互分工、相互协作，从而为用户提供某种特定的价值。

随着 RESTfu 云计算、DevOps、持续交付等概念的深入人心，微服务架构逐渐成为系统架构的一个代名词。微服务架构是一项在云中部署应用和服务的新技术。大部分围绕微服务的争论都集中在容器或其他技术是否能很好地实施微服务方面。

同时，微服务可以在"自己的程序"中运行，并通过"轻量级设备与 HTTP 型 API 进行沟通"，关键在于该服务可以在自己的程序中运行，通过这一点就可以将服务公开与微服务架构（在现有系统中分布一个 API）区分开来。在服务公开中，许多服务都可以被内部独立进程所限制。如果其中任何一个服务需要增加某种功能，那么就必须缩小进程范围。在微服务架构中，只需要在特定的某种服务中增加所需功能，而不影响整体进程。

本节主要介绍什么是微服务，微服务的好处，微服务与 SOA，如何使用微服务等。

4.5.2 什么是微服务

微服务是一种架构风格，一个大型复杂软件应用由一个或多个微服务组成。系统中的各个微服务可被独立部署，各个微服务之间是松耦合的。每个微服务仅关注于完成一件任务并很好地完成该任务。在所有情况下，每个任务代表着一个小的业务能力。尽管"微服务"这种架构风格没有精确的定义，但其具有一些共同的特性，如围绕业务能力组织服务、自动化部署、智能端点、对语言及数据的"去集中化"控制等，微服务架构的思考是从与整体应用对比而产生的。以下是有关微服务的几个特性：

1. 微服务足够小

微服务很小，专注于做好一件事，随着新功能的增加，代码库会越变越大，以至于想要知道该在什么地方做修改都很困难。尽管想在巨大的代码库中做到清晰的模块化，但事实上这些模块之间的界限很难维护。相似的功能代码开始在代码库随处可见，使得修复 Bug 或实现更加困难。在一个单块系统内，通常会创建一些抽象层或者模块来保证代码的内聚性，从而避免上述问题。内聚性是指将相关代码放在一起，在考虑使用微服务的时候，内聚性这一概念很重要。Robert C.Martin 有一个对单一职责原则的论述：把因相同原因而变化的东西聚合到一起，而把因不同原因而变化的东西分离开来。该论述很好地强调了内聚性这一概念。微服务将这个理念应用在独立的服务上，根据业务的边界来确定服务的边界，这样就很容易确定某个功能代码应该放在哪里，而且由于该服务专注于某个边界之内，因此可以很好地避免由于代码库过大衍生出的很多相关问题。当考虑多小才足够小的时候，一般会考虑这些因素：服务越小，微服务架构的优点和缺点也就越明显；使用的服务越小，独立性带来的好处就越多，但是管理大量服务也会越复杂。

2. 微服务要自治

一个微服务就是一个独立的实体。它可以独立地部署在 PaaS(Platform as a Service，平台即服务）上，也可以作为一个操作系统进程存在。要尽量避免把多个服务部署到同一台机器上（尽管现如今机器的概念已经非常模糊了）。

服务之间均通过网络调用进行通信，从而加强了服务之间的隔离性，避免紧耦合。这些服务应该可以彼此独立进行修改，并且某一个服务的部署不应该引起该服务消费方的变动。对于一个服务来说，需要考虑的是什么应该暴露，什么应该隐藏。如果暴露得过多，那么服务消费方会与该服务的内部实现产生耦合，这会使得服务和消费方之间产生额外的协调工作，从而降低服务的自治性。服务会暴露出 API（Application Programming Interface，应用程序接口），然后服务之间通过这些 API 进行通信。API 的实现技术应该避免与消费方耦合，这就意味着应该选择与具体技术不相关的 API 实现方式，以保证技术的选择不被限制。如果系统没有很好地解耦，那么一旦出现问题，所有功能都将不可用。

4.5.3 微服务好处

1. 异构性

逻辑复杂处理时间长、并发量高会导致微服务中的服务线程消耗殆尽，不能再创建线程处理请求。对这种情况的优化，除了在程序上不断调优外（数据库调优，算法调优，缓存等等），还可以考虑在架构上做些调整，先返回结果给客户端，让用户可以继续使用客户端的其他操作，再把服务端的复杂逻辑处理模块做异步化处理。这种异步化处理的方式适合于客户端对处理结果不敏感、不要求实时的情况，比如群发邮件、群发消息等。

在一个由多个服务相互协作的系统中可以在不同的服务中使用最适合该服务的技术。尝试使用一种适合所有场景的标准化技术，会使得所有的场景都无法得到很好的支持。

如果系统中的一部分需要做性能提升，可以使用性能更好的技术栈重新构建该部分。系统中的不同部分也可以使用不同的数据存储技术，比如对于社交网络来说，图数据库能够更好地处理用户之间的交互操作，但是对于用户发布的帖子而言，文档数据库可能是一个更好的选择，图 4-45 展示了微服务的异构架构。

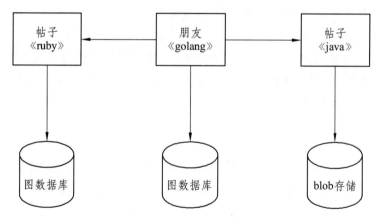

图 4-45 微服务异构架构

与此同时，微服务更快地采用新技术，并且理解这些新技术的好处。尝试新技术通常伴随着风险，尤其是对于单块系统而言，采用一个新的语言，数据库或者整个框架都会对整个系统产生巨大的影响。对于微服务系统而言，总会存在些地方让技术人员尝试新技术，可以选择某个风险最小的服务来用新技术，即便出现问题也容易处理。这种可以快速采用新技术的能力对及时响应客户需求是非常有价值的。

不过为了同时使用多种技术，也需要付出些代价。有些组织会限制语言的选择，比如 Netflix 和 Twitter 选用的技术大多基于 JVM（Java Virtual Machine，Java 虚拟机），因为他们非常了解该平台的稳定性和性能。他们还在 JVM 上开发了些库和工具，使得大规模运维变得更加容易，但这同时也使得更难以采用 Java 外的其他技术来编写服务和客户端。另一个会影响多技术栈选用的因素是服务的大小，如果可以在两周内重写一个服务，那么尝试使用新技术的风险就会降低。

2．扩展性

庞大的单块服务只能作为一个整体进行扩展。即使系统中只有一小部分存在性能问题，也需要对整个服务进行扩展。如果使用较小的多个服务，则可以只对需要扩展的服务进行扩展，这样就可以把那些不需要扩展的服务运行在更小的、性能稍差的硬件上，如图 4-46 所示。

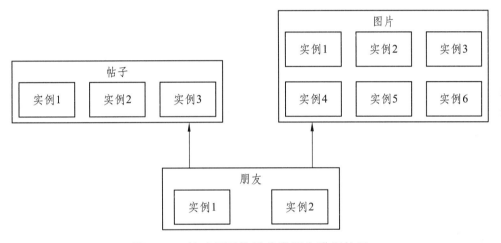

图 4-46　针对需要扩展的微服务进行扩展

3．弹　性

弹性工程学的一个关键概念是舱壁。如果系统中的一个组件不可用了，但并没有导致级联故障，那么系统的其他部分还可以正常运行。服务边界就是一个很显然的舱壁。在单块系统中，如果服务不可用，那么所有的功能都会不可用。对于单块服务的系统而言，可以通过将同样的实例运行在不同的机器上来降低功能完全不可用的概率，然而微服务系统本身就能够很好地处理服务不可用和功能降级问题。

微服务系统可以改进弹性，但还是需要谨慎对待，因为使用了分布式系统，网络会可能是个问题。不但是网络，机器也如此，因此需要了解出现问题时应该如对用户进行展示。

4．简化部署

部署一个单体式应用意味着运行大型应用的多个副本，典型地提供若干个服务器（物理或者虚拟），运行若干个应用实例。部署单体式应用不会很直接，但是肯定比部署微服务应用简单些。一个微服务应用由上百个服务构成，服务可以采用不同语言和框架分别实现。每个服务都是一个单一应用，可以有自己的部署、资源、扩展和监控需求。例如，可以根据服务需求运行若干个服务实例。除此之外，每个实例必须有自己的 CPU，内存和 I/O 资源。尽管很复杂，但是更有挑战的是服务部署必须快速、可靠和性价比高。

在有几百万代码行的单块应用程序中，即使只修改了一行代码，也需要重新部署整个应用程序才能够发布该变更。这种部署的影响很大，风险很高，因此相关干系人不敢轻易做部署，于是在实际操作中，部署的频率就会变得很低。这意味着两次发布之间我们对软件做了很多功能增强，但直到最后一刻才把这些大量的变更一次性发布到生产环境中。这时，另外一个问题就显现出来了：两次发布之间的差异越大，出错的可能性更大。

在微服务架构中，各个服务是独立部署的，这样就可以更快地对特定部分的代码进行部署。如果真的出了问题，也只会影响一个服务，并且容易快速回滚，这意味着客户可以更快地使用我们开发的新功能。这种架构很好地清除了软件发布过程中的各种障碍。

5. 可组合性

分布式系统和面向服务架构带来的主要好处是易于重用已有功能。而在微服务架构中，根据不同的目的，人们可以通过不同的方式使用同一个功能，这在考虑客户如何使用该软件时尤其重要。单纯考虑桌面网站或者移动应用程序的时代已经过去了，现在需要考虑的应用程序种类包括 Web 原生应用，移动端 Web 平板应用及可穿戴设备等。针对每一种都应该考虑如何对已有功能进行组合来实现这些应用。现在很多组织都在做整体考虑，拓展他们与客户交互的渠道，同时也需要相应地调整架构来辅助这种变化的发生。

在微服务架构中，系统会开放许多接缝供外部使用。当情况发生改变时，可以使用不同的方式构建应用,而整体化应用程序只能提供一个非常粗粒度的接缝供外部使用。

6. 对可替代性的优化

在一个大中型组织工作的 IT 人员，很可能接触过一些庞大而混乱的遗留系统。这些系统无人敢较易修改，却对公司业务的运营至关重要。更糟糕的是，这些程序是使用某种奇怪的 Fortran 变体编写的，并且只能运行在 25 年前就应该淘汰的硬件上。为什么这些系统直到现在还没有被取代?原因就是工作量很大，而且风险高。当使用多个小规模服务时，重新实现某个服务或者是直接剔除该服务都是相对可操作的。在单块系统中轻易删掉上百行代码并且不会引发问题几乎是不可能的。微服务中的多个服务大小相似，所以重写或移除一个或者多个服务的阻碍也很小。使用微服务架构的团队可以在需要时轻易地重写服务，或者删除不再使用的服务。当一个代码库只有几百行时，人们也不会对它有太多感情上的依赖，所以很容易替换掉。

4.5.4 微服务与 SOA

1. 区　别

如果用一句话来概括 SOA 和微服务的区别，即微服务不再强调传统 SOA 架构里面比较重的 ESB 企业服务总线，同时 SOA 的思想进入到单个业务系统内部实现真正的组件化。微服务架构强调的第一个重点就是业务系统需要彻底的组件化和服务化，原有的单个业务系统会拆分为多个可以独立开发、设计、运行和运维的小应用。

SOA 的提出是在企业计算领域，就是要将紧耦合的系统划分为面向业务的、粗粒度、松耦合、无状态的服务。服务发布出来供其他服务调用，一组互相依赖的服务就构成了 SOA 架构下的系统。

基于这些基础的服务，可以将业务过程用类似 BPEL（业务过程执行语言）流程的方式编排起来，而 BPEL 反映的是业务处理的过程，这些过程对于业务人员更为直观，调整也比 hardcode（硬编码）的代码更容易。

在企业计算领域，如果不是交易系统的话，并发量都不是很大的，所以大多数情况下，一台服务器就将容纳许许多多的服务，这些服务采用统一的基础设施，可能都运行在一个应用服务器的进程中。虽然说是面向服务了，但还是单一的系统。

微服务架构是从互联网企业兴起的，由于大规模用户对分布式系统的要求很高，如果企业需要大规模计算系统，伸缩性就变得极其重要，而且通过负载均衡使得多个系统成为一个集群。但这是很不方便的，互联网企业迭代的周期很短，一周可能发布一个版本，甚至可能每天一个版本，而不同的子系统的发布周期是不一样的。而且，不同的子系统也不像原来企业计算那样采用集中式的存储，使用昂贵的 Oracle 数据库存储整个系统的数据，而是使用 MongoDB，HBase，Cassandra 等 NOSQL 数据库和 Redis，memcache 等分布式缓存，那么就倾向采用以子系统为分割，不同的子系统采用自己的架构，各个服务运行在自己的 Web 容器中。当需要增加计算能力的时候，只需要增加这个子系统或服务的实例；当升级的时候，可以不影响别的子系统。这种组织方式大体上就被称作微服务架构。微服务与 SOA 相比，更强调分布式系统的特性，比如横向伸缩性、服务发现、负载均衡、故障转移、高可用。互联网开发对服务治理提出了更多的要求，比如多版本、灰度升级、服务降级、分布式跟踪，这些都是在 SOA 实践中重视不够的。Docker 容器技术的出现，为微服务提供了更便利的条件，比如更小的部署单元，每个服务可以通过类似 Node.js 或 Spring Boot 的技术运行在自己的进程中。这样可能在几十台计算机中运行了成千上万个 Docker 容器，每个容器都运行着服务的一个实例，用户随时可以增加某个服务的实例数，或者某个实例崩溃后，在其他的计算机上再创建该服务的新的实例。

通过以上的分析，SOA 与微服务的区别如表 4-7 所示。

表 4-7　SOA 与微服务的区别

SOA 实现	微服务架构实现
企业级，自顶向下开展实施	团队级，自底向上展开实施
服务由于多个子系统组成，粒度大	一个系统被拆分为多个服务，粒度细
企业服务总线，集中式的服务架构	无集中式总线，松散的服务架构
集成方式复杂	集成方式简单（HTTP/REST/JSON）
单块架构系统，相互依赖，部署复杂	服务能独立部署

2. 联　系

对于 SOA 和微服务架构，有些观点认为微服务和 SOA 之间只差了一个 ESB，可以把微服务当作去除了 ESB 的 SOA，ESB 是 SOA 架构中的中心总线，设计图形应该是星形的，而微服务是去中心化的分布式软件架构。这种观点本身是有问题的，所以有必要再次谈下 SOA 和微服务架构。

首先应注意 SOA 和微服务架构是一个层面的概念，而 ESB 和微服务网关是一个层面的概念，一个谈的是架构风格和方法，一个谈的是实现工具或组件。因此，把两个层面的内容放到一起比较是不对的。应先从架构风格上谈论 SOA 和微服务架构，对于 SOA 参考架构强调了两个重点，一个是找到离散、自治、粗粒度和可重用的服务能力，另一个是服务本身可以灵活地组合和编排以适应业务变化。而当谈到微服务架构的定义时更多的是指各个微服务模块能够独立自治并在独立的进程中运行，同时微服务之间能够通过轻量的服务接口进行交互和协同。

4.5.5　微服务的使用方式

1. 微服务的设计模式

微服务架构设计 6 种设计模式组成的，每一种都有不同的设计理念和设计方法，还有最常用和最不常用的设计模式。下面介绍一下这 6 种设计模式。

1）聚合器微服务设计模式

这是一种最常用也最简单的设计模式，如图 4-47 所示。

聚合器调用多个服务实现应用程序所需的功能。它可以是一个简单的 Web 页面，将检索到的数据进行处理展示，也可以是一个更高层次的组合微服务，对检索到的数据增加业务逻辑后进一步发布成一个新的微服务，这符合 DRY（不做重复的事）原则。另外，每个服务都有自己的缓存和数据库，如果聚合器是一个组合服务，那么它也有自己的缓存和数据库。聚合器可以沿 X 轴和 Z 轴独立扩展。

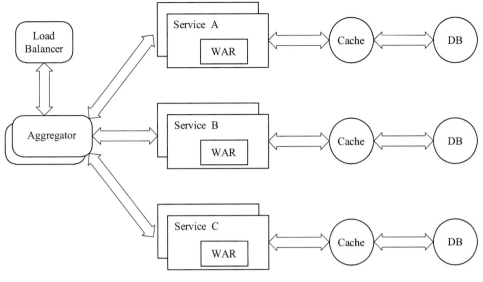

图 4-47 聚合的设计模式

2）代理微服务设计模式

这是聚合器模式的一个变种，如图 4-48 所示。

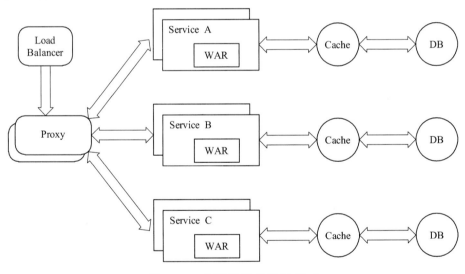

图 4-48 代理微服务设计模式

在这种情况下，客户端并不聚合数据，但会根据业务需求的差别调用不同的微服务。代理可以仅仅委派请求，也可以进行数据转换工作。

3）链式微服务设计模式

这种模式在接收到请求后会产生一个经过合并的响应，如图 4-49 所示。

在这种情况下，服务 A 接收到请求后会与服务 B 进行通信，类似地，服务 B 会同服务 C 进行通信。所有服务都使用同步消息传递，在整个链式调用完成之前，客户端会一直阻塞。因此，服务调用链不宜过长，以免客户端长时间等待。

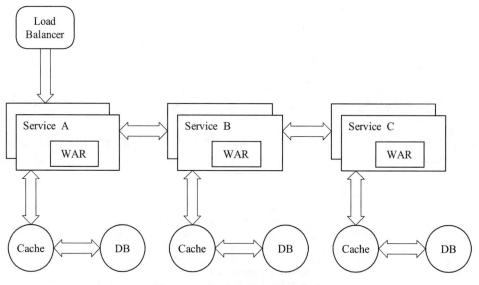

图 4-49　链式微服务设计模式

4）分支微服务设计模式

这种模式是聚合器模式的扩展，允许同时调用两个微服务链，如图 4-50 所示。

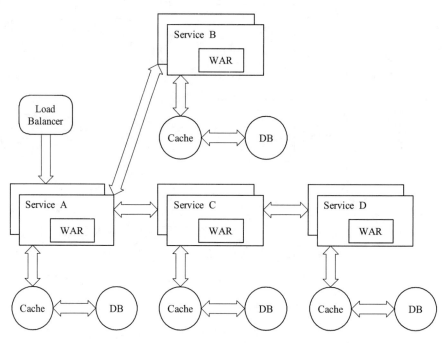

图 4-50　分支微服务设计模式

5）数据共享微服务设计模式

自治是微服务的设计原则之一，就是说微服务是全栈式服务。但在重构现有的单体应用（monolithic application）时，SQL 数据库反规范化可能会导致数据重复和不一致。因此，在单体应用到微服务架构的过渡阶段，可以使用这种设计模式，如图 4-51 所示。

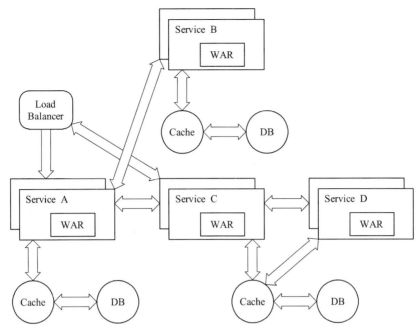

图 4-51　数据共享微服务设计模式

在这种情况下，部分微服务可能会共享缓存和数据库存储。不过，这只有在两个服务之间存在强耦合关系时才可以。对于基于微服务的新建应用程序而言，这是一种反模式。

6）异步消息传递微服务设计模式

虽然 REST 设计模式非常流行，但它是同步的，会造成阻塞。因此部分基于微服务的架构可能会选择使用消息队列代替 REST 请求/响应，如图 4-52 所示。

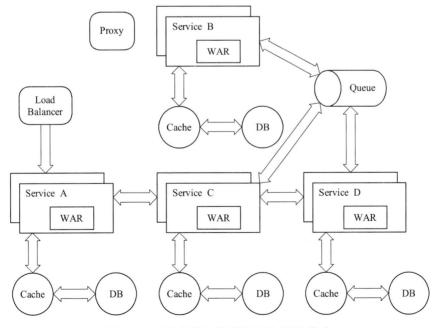

图 4-52　异步消息传递微服务设计模式

2. 微服务的设计原则

每个架构都是基于某些设计原则而形成的，同样，微服务也是。以下讨论构建基于微服务的架构所需要的一些设计原则。

1）隔离性原则

服务必须设计为相互单独隔离工作。在将一个整体单片系统分解成一组服务时，这些服务必须彼此解耦，这样才能更加连贯和自给自足。每个服务应该能够处理其自己的故障，而不会影响或破坏整个应用程序或系统。隔离和解耦特性使服务能够非常快速地从故障状态中恢复。服务的隔离特性具有以下优点：容易采用连续交付，更好的扩展，有效的监控和可测试性。

2）自治性原则

隔离为自治性铺平了道路。服务自主自治，必须具有凝聚力，能够独立地实现其功能。每个服务可以使用良好定义的 API（URI）独立调用，API 以某种方式标识服务功能。自主服务还必须具有处理数据的能力。自治服务优点：有效的服务编排和协调，更好的扩展性，通过良好定义的 API 进行通信，更快速和可控的部署。

3）单一责任原则

单一的职责（责任）原则是指服务只执行一个重要的功能。单一责任与"微观"一词能很好地结合起来。"微"意味着小、细粒度，只与其责任范围内相关。单一责任功能具有以下优点：服务组合无缝，更好的扩展，可重用性，可扩展性和可维护性。

4）有界上下文原则

这是一个关键模式，同时是领域驱动设计（DDD）建模方法。有界的上下文是关于微服务将提供其服务功能的上下文，它根据有关领域模型识别离散边界，并相应地设计用户的微服务，使其更具凝聚力和自主性。这也意味着跨边界的通信变得更有效率，一个有界上下文中的服务不需要依赖于另外一个此类服务。

5）异步通信原则

在设计离散边界和使用其自己的有界上下文设计服务时，跨边界的服务通信必须是异步的。异步通信模式自然导致服务之间的松耦合，并允许更好的缩放。使用同步通信，会阻止调用并等待响应。处于阻塞状态的服务不能执行另一个任务，直到接收到响应并释放底层线程为止。它导致网络拥塞，并影响延迟和吞吐量。异步通信还可以带来实现良好定义的集成或通信模式的概念，以实现涉及不同服务的逻辑工作流。

6）位置独立原则

根据设计，微服务是在虚拟化环境或 docker 容器中部署。随着云计算的出现，可以拥有大量可以利用动态缩放环境的服务实例。服务可以在跨小型或大型集群的多个节点上运行，服务本身可以根据底层计算资源的可用性或效率来重新定位。必须能够以位置独立的方式来寻址或定位服务。通常，可以使用不同的查找发现模式来消费使用您的服务。服务的客户端或消费者不必烦恼部署或配置特定服务的位置，只用使用某种逻辑或虚拟地址来定位服务。

3. 微服务的消息通信

在分布式系统中，服务间的通信至关重要。组成应用程序的微服务必须无缝协同工作，才能向客户提供有价值的东西。上面讨论了如何找到特定的微服务，还介绍了跨不同实例执行负载平衡的选项。接下来将介绍在确定所需服务的位置后，如何实现微服务架构中的不同服务之间的通信。

1）同步和异步

同步通信是一种需要响应的消息，无论是立即还是在一定时间量后获得响应。异步通信是一种不需要响应的消息。

在使用独立部件构建的高度分布式系统中使用异步事件或消息，具有令人信服的理由。在某些情况下，使用同步调用可能更适合，下面将介绍这些情况。

对于每种调用风格，服务会使用 Swagger 等工具记录发布的所有 API，还会记录事件或消息有效负载，以确保系统容易被理解并为未来的使用者提供支持。事件订阅者和 API 使用者应该容忍无法识别的字段，因为它们可能是新字段。假设某个时刻所有功能都将失效，服务还应预料到和处理不良数据。

2）同步消息（REST）

前面已经提到，在分布式系统中，异步消息传递形式极为有用。如果适合明确的请求/响应语义，或者一个服务需要触发另一个服务中的特定行为，则应使用同步 API。

这些通常是传递 JSON 格式数据的 RESTful 操作，但也可以使用其他协议和数据格式。在基于 Java 的微服务中，让应用程序传递 JSON 数据是最佳选择。一些库可以将 JSON 解析为 Java 对象，而且 JSON 已得到广泛采用，这些使得 JSON 成为让微服务容易使用的不错选择。

3）异步消息（事件）

异步消息用于解耦协调。仅在事件的创建者不需要响应时，用户才能使用异步事件。来自外部客户端的请求，通常必须经历多个微服务才能获得响应。如果每个调用都是同步执行，那么调用所需的总时间会阻碍其他请求。微服务系统越复杂，每个外部请求所需的微服务间的交互就越多，在系统中产生的延迟也就越大。如果在进程中发出的请求可替换为异步事件，那么应实现该事件。

对事件采用一种反应式应对方式。服务仅发布与它自己的状态或活动相关的事件，其他服务可订阅这些事件并做出相应的反应。

事件是创作新交互模式而不引入依赖性的好方法。它们支持采用最初创建架构时未考虑到的方式来扩展架构。

微服务模式要求每个微服务都拥有自己的数据。这个要求意味着，当请求传入时，可能有多个服务需要更新它们的数据库。服务应使用其他关注方可以订阅的事件来通告数据更改，还要进一步了解如何使用事件处理数据事务和实现一致性。

要协调应用程序的消息，可以使用任何一个可用的消息代理和匹配的客户端库。

一些与 Java 集成的示例包括带 RabbitMQ Java 客户端的 AMQP 代理、Apache Kafka 和 MQTT（针对物联网领域而设计）。

4）内部消息

事件可在一个微服务内使用。例如，为了处理订单请求，可以创建一组可由服务连接器类订阅的事件，这些事件可触发这些类来发布外部事件。使用内部事件可提高对同步请求的响应速度，因为不需要在返回响应之前等待其他同步请求的完成。

利用 Java EE 规范对事件的支持。内部异步事件可使用上下文和依赖注入（CDI）来完成。在此模型中，一个事件包含一个 Java 事件对象和一组修饰符类型。任何想对触发的事件做出反应的方法都需要使用@Observes 注释。事件是使用 fire（）方法触发的。

5）容错

迁移到微服务架构的一个强烈动机是获得具有更强的容错和恢复能力的应用程序。现代应用程序要求宕机时间接近于零，并在数秒内而不是数分钟内响应请求。微服务中的每项服务都必须能持续运行，即使其他服务已宕机。

6）适应更改

当一个微服务向另一个微服务发出同步请求时，它使用了一个特定的 API。该 API 拥有明确的输入属性和输出属性，输入属性必须包含在请求中，输出属性包含在响应中。在微服务环境中，这通常采用在服务间传递的 JSON 数据形式。假设这些输入和输出属性绝不会发生更改是不切实际的，甚至在设计最好的应用程序中，各种需求也在不断变化，导致需要添加、删除和更改属性。要适应这些形式的更改，微服务的制作者必须认真考虑他们制作的 API 和使用的 API，有关定义 API 的更多最佳实践，包括版本控制。

7）使用 API

作为 API 的使用者，必须对收到的响应执行验证，确认它包含执行该功能所需的信息。如果收到了 JSON 数据，还需要在执行任何 Java 转换之前解析 JSON 数据。执行验证或 JSON 解析时，必须做两件事情：

（1）仅验证请求中需要的变量或属性。不要仅仅因为提供了变量，就对其执行验证。如果请求中未使用它们，则不需要验证它们的存在。

（2）接受未知属性。如果收到意料之外的变量，不要抛出异常。如果响应包含用户需要的信息，一起提供的其他信息则无关紧要。

应选择一个允许配置传入数据的解析方式的 JSON 解析工具。

8）制作 API

当向外部客户端提供 API 时，在接受请求和返回响应时应执行以下两种操作：

（1）接受请求中包含的未知属性。如果一个服务使用了不必要的属性来调用用户的 API，则丢弃这些值。在这种情况下，返回错误消息会导致不必要的故障。

（2）仅返回与被调用的 API 相关的属性，为以后对服务的更改留出尽可能多的空间，避免因为过度分享而泄漏实现细节。

前面已经提到，这些规则组成了健壮性原则（Robustness Principle）。通过遵循这两条规则，能够在未来以最容易的方式更改 API，适应不断变化的客户需求。

9）超时

使用超时可预防请求无限期地等待响应。但是，如果某个特定请求总是超时，这会浪费大量时间来等待超时。

断路器专为避免反复超时而设计，它的工作方式类似于电子领域中的断路器。特定请求每次失败或生成超时时，断路器都会进行记录。如果次数达到某个限制，断路器就会阻止进一步调用，并立即返回一个错误。它还包含一种重试调用机制，无论是在一定时间量后进行重试，还是为应对一个事件而重试。

在调用外部服务时，断路器至关重要。通常，会使用 Java 中的一个现有的库作为断路器。

10）隔板

在船运领域，隔板是一种隔离物，可以防止某个隔间中出现渗漏导致整条船沉没。微服务中的隔板是一个类似的概念，用来确保应用程序的某个部分中的故障不会导致整个应用程序崩溃。隔板模式关乎微服务的创建方式，而不是任何特定工具或库的使用。创建微服务时，应该总是询问如何才能够隔离不同部分，防止出现连锁故障。

隔板模式的最简单实现是提供应变计划（fallback）。添加应变计划后，应用程序就能在非关键服务中断时继续正常运行。例如，在一家在线零售店中，可能有一个向用户提供推荐的服务。如果推荐服务中断，用户仍应能搜索商品和下单。一个有趣的示例是连锁应变计划，相对于抛出错误，针对个性化内容的失败请求会优先回退到针对更通用内容的请求，进而回退到返回缓存（且可能过时）的内容。

防止缓慢或受限制的远程资源导致整个应用程序崩溃的另一种策略是限制可供这些出站请求使用的资源。实现此目标的最常见方式是使用队列和旗语（Semaphore）。队列的深度表示待处理工作的最大量。任何在队列装满后发出的请求都会快速失败。队列还被分配了有限数量的工作者，该数量定义了可被远程资源阻塞的服务器线程的最大数量。旗语机制采用了一组许可，发出远程请求需要许可。请求成功完成后，就会释放该许可。二者之间的重要区别在于分配的资源被用尽时出现的结果。对于 Semaphore 方法，如果无法获得许可，则会完全跳过出站请求，但队列方法会提供一些填充信息（至少在队列装满之前）。这些方法也可用于处理设置了速率限制的远程资源，速率限制是另一种要处理的意外故障形式。

4. 集成微服务

企业正在越来越多地转向微型服务架构来实现新的应用程序，以实现更高的灵活性和可扩展性，软件行业正在通过用于创建微服务的开发框架和工具来支持它们。然而，这些并不是在真空中运作，往往需要有效的整合方法。其挑战在于，在微服务层从零开始构建集成逻辑，同时增加了传统的集成层，从而击败了完全分布式的微服务模型的一些关键目标。需要改进的是专门处理集成微服务的新解决方案。

理想的集成应该满足以下的要求：

1）避免破坏性修改

如果在一个微服务的响应中添加一个字段，服务的消费方不应该受到影响。

2）保证 API 的技术无关性

微服务之间的通信应该是与技术无关的。

3）使服务的消费方易于使用

如果消费方使用该服务很难，那么无论该微服务多优秀都没有任何意义。同时，易于使用的服务可能内部封装了很多细节，这会增加耦合。

4）隐藏内部实现细节

消费方与服务方的内部细节应该是分开的，如果与细节绑定，则意味着改变服务内部的一些变化，消费方也要跟着修改，这会增加修改的成本。

5）数据库不能共享

共享数据库是最快的集成方式，但这种方式应该避免。如果这样，那么外部的服务则能查看内部的实现细节，并与其绑定在一起，存储在数据库中的数据结构对所有人来说都是平等的，数据库是一个很大的共享 API，为了不影响其他服务，必须非常小心地避免修改与其他服务相关的表结构。这样的情况下，需要做大量的回归测试来保证功能的正确性。这样使消费方与服务方的特定技术绑定在了一起，如果消费方要从关系型数据库换成非关系型数据库，那么这是不容易实现的，这不符合低耦合的原则；这样还使原本由服务方提供的修改，现在可以由各个消费方直接操作数据库来完成，而且每个消费方可能都会有一套自己的修改方法，这不符合高内聚的原则。

6）服务的协作

对于同步方式而言，可以用请求/响应来概括整个过程，发起方发起一个远程调用后，发起方会阻塞自己并等待整个操作的完成。同步对于响应的低延迟有着高要求，这也是不太实际的，通常选用异步方式。

而异步的通信模型有两种：

（1）请求/响应方式。这与同步是不同的，它在发起一个请求时，同时注册一个回调，当服务端操作结束之后，会调用该回调。

（2）基于事件的方式。服务提供方不发起请求，而是发布一个事件，然后期待调用方接收消息，并知道该怎么做，服务提供方不需要知道什么会对此做出响应，这也意味着，用户可以在不影响服务提供方的情况下对该事件添加新的订阅。

7）服务的编排与协同

如果注册一家网站，它在注册时做了下面 3 件事：

（1）在客户的积分账户上创建一条记录；

（2）通过 EMS（邮件特快专递服务）系统发送一个欢迎礼包；

（3）向客户发送欢迎电子邮件。

当考虑实现时，编排是一种架构风格，它由一个中心大脑来指导并驱动整个流程，它可由客户管理这个服务来承担，在创建客户时会跟积分账户服务、电子邮件服务及EMS服务通过请求/响应的方式进行通信。客户管理服务可以对当前进行到了哪一步进行跟踪，它会检查积分账户是否创建成功，电子邮件是否发送出去，EMS包裹是否寄出。这种方式的缺点是：客户管理服务承担了太多职责，它会成为网关结构的中心和很多逻辑的起点。这样会导致少量的边缘服务，而与其打交道的那些服务通常会沦为"贫血的"CRUD服务。

另一种实现的风格则是协同，它仅仅告知各个系统各自的职责，具体的实现留给它们自己。就上例而言，客户管理服务创建一个事件，邮件服务、积分服务、EMS服务会订阅这些事件并做相应的处理，如果其他的服务也关心客户创建这件事情，它们只需要简单的订阅该事件即可。这种方式能显著地消除耦合，但这需要额外做一些监控工作，以保证其正确进行。用户可以建立一个跟业务流程相匹配的跟踪服务的监控服务，分别监控每个服务。

8）服务的版本管理

（1）尽可能推迟修改。

比如可以使用XPATH来读取XML，它可以忽略XML的一些修改，Martin Fowler称之为容错性读取器。接收消息的一方应尽可能灵活地消费服务，这就是鲁棒性原则，它认为每个模块都应该宽进严出。

（2）及早发现破坏性修改。

尽量对修改的影响进行全面的回归。

（3）使用主义化的版本管理。

每个服务的版本号支持Major.Minor.Patch的格式，其中Major的改变意味着其中包含着向后不兼容的修改；Minor的改变意味着有新功能的加入但应该是向后兼容；Patch的改变代表对已有功能的缺陷修复。

（4）不同版本的接口共存。

当不得不这么做时，生产环境可以同时存在接口的新老版本。

假如一个接口存在着V1、V2、V3三种版本，可以把所有对V1的请求转换给V2，然后V2转换给V3，这样是一种平滑的过度，首先扩张服务的能力，对新旧两种版本都支持，然后等旧的消费者都采用了新的方式，再通过收缩API去掉旧的功能。同时，也可以在URI中存放版本信息，但同时需要一套方法来对不同的请求进行路由。

（5）不同版本的服务共存。

短期内同时使用两个版本的服务是合理的，尤其是当进行蓝绿部署或者金丝雀发布时。在这些情况下，不同版本的服务可能只会存在几分钟或者几个小时，而且一般只会有两个版本。消费者升级到新版本的时间越长，就越应该考虑在同一个微服务中暴露两套 API 的做法。

9）服务的 UI（用户接口）管理

PC（个人计算机）端的程序需要关注浏览器和分辨率，移动端的程序需要关注带宽和手机的电量，甚至是地区发展的水平（也许使用短信登录更符合当地的实际）。可以通过把服务的功能进行不同的组合，可以为 Web、移动端、可穿戴设备提供不同的体验。那么，如何很好地将其组织起来，这就是 UI 管理面临的问题。

如果组织一个移动端的页面需要调用 20 个服务，那么对于移动设备来说会有些吃力，可以使用 API Gateway 来缓解这一问题，这种模式下多个底层的调用会被聚合成一个调用。

另外一种方式是让服务暴露出一部分 UI，然后只需要简单地把这些片段组合在一起就可以创建出整体 UI。也许音乐商店的订单管理团队可以对所有与订单管理相关的页面负责。但在最后，仍然需要将这些 UI 集成在一起，使用类似服务器模板的技术来实现。这种方式的优势是可以完成快速修改，但很难保证用户体验的一致性，因为各个服务给出的 UI 风格可能迥异，如果设计者同时给 PC、Web、平板、移动端都提供 HTML 方式的 UI，那么需要进行一系列的组件嵌入处理，而原生的应用有可能提供更好的体验。

10）与外系统集成

可以在外系统上再包装出一些服务，对调用者隐藏细节，或者捕获所有的请求，并决定是否路由到遗留代码还是导向新的代码中，这样可以帮助开发者从老系统进行替换，从而避免影响过大的重写。

5. 去中心化数据管理

单块应用的一个主要缺点就是将所有的事物集中在单个（或少量）软件组件和数据库中。这样做多半会产生超大的数据存储以及对工作流的集中式控制，而该数据存储是需要根据公司业务成长的需求不断复制与扩容的。微服务的目标是去中心化。

单体架构中，不同功能的服务模块都把数据存储在某个中心数据库中，如图 4-53 所示。

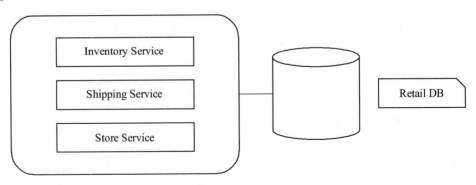

图 4-53　单体架构用一个数据库存储所有数据

采用微服务方式，多个服务之间的设计相互独立，数据也应该相互独立（比如，某个微服务的数据库结构定义方式改变，可能会中断其他服务）。因此，每个微服务都应该有自己的数据库，如图 4-54 所示。

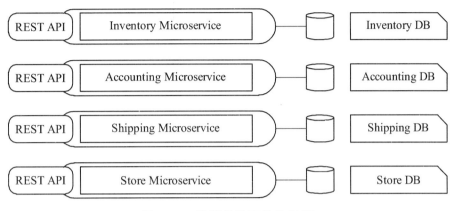

图 4-54　微服务私有的数据库

数据去中心化的核心要点：

每个微服务有自己私有的数据库持久化业务数据，只能访问自己的数据库，而不能访问其他服务的数据库。在某些业务场景下，需要在一个事务中更新多个数据库。这种情况也不能直接访问其他微服务的数据库，而是通过对微服务进行操作。数据的去中心化，进一步降低了微服务之间的耦合度，不同服务可以采用不同的数据库技术（SQL、NoSQL 等）。在复杂的业务场景下，如果包含多个微服务，通常在客户端或者中间层（网关）处理。

6. 服务注册与发现

微服务架构将一个 Monolithic（庞大而僵化的）架构拆成了很多小的服务模块，那么第一个需要的东西很容易想到就是服务注册和发现功能。

在一个现代的、基于云的微服务应用中，这个问题就变得复杂多了，如图 4-55 所示。

服务实例的网络地址是动态分配的，而且由于自动扩展、失败和更新，服务实例的配置也经常变化。这样一来，设计者的客户端代码需要一套更精细的服务发现机制。

有两种主要的服务发现模式：客户端服务发现（Client-side Discovery）和服务器端服务发现（Server-side Discovery）。我们首先来看下客户端服务发现。

1）客户端服务发现模式

当使用客户端服务发现的时候，客户端负责决定可用的服务实例的网络地址，以及围绕它们的负载均衡。客户端向服务注册表（Service Registry）发送一个请求，服务注册表是一个可用服务实例的数据库。客户端使用一个负载均衡算法去选择一个可用的服务实例来响应这个请求，图 4-56 展示了这种模式的架构。

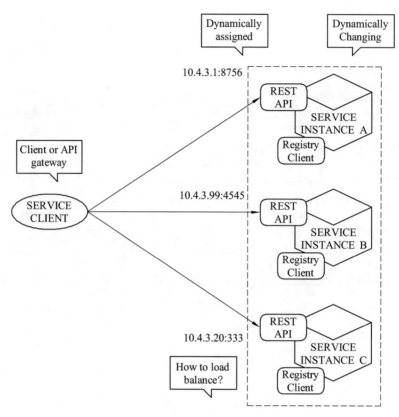

图 4-55　基于云的微服务应用

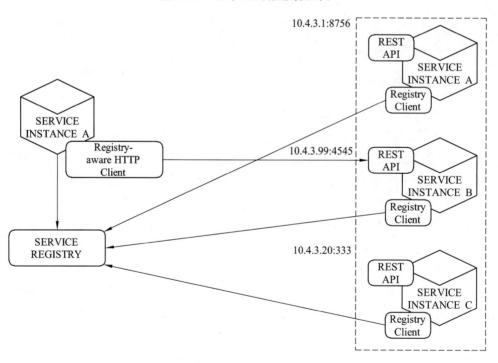

图 4-56　客户端发现模式

一个服务实例被启动时,它的网络地址会被写到注册表上;当服务实例终止时,再从注册表中删除。这个服务实例的注册表通过心跳机制动态刷新。Netflix OSS 提供了一个客户端服务发现的好例子。Netflix Eureka 是一个服务注册表,提供了 REST API 来管理服务实例的注册和查询可用的实例。Netflix Ribbon 是一个 IPC 客户端,和 Eureka 一起处理可用服务实例的负载均衡。客户端的服务发现模式有优势也有缺点。这种模式相对直接,但是除了服务注册表,没有其他动态的部分了。而且,由于客户端知道可用的服务实例,可以做到智能的、应用明确的负载均衡决策,比如一直用 hash 算法。这种模式的一个重大缺陷在于,客户端和服务注册表是一一对应的,必须为服务客户端用到的每一种编程语言和框架实现客户端服务发现逻辑。

2)服务器端服务发现模式

图 4-57 所示展示了这种模式的架构。客户端通过负载均衡器向一个服务发送请求,这个负载均衡器会查询服务注册表,并将请求路由到可用的服务实例上。通过客户端的服务发现,服务实例在服务注册表上被注册和注销。

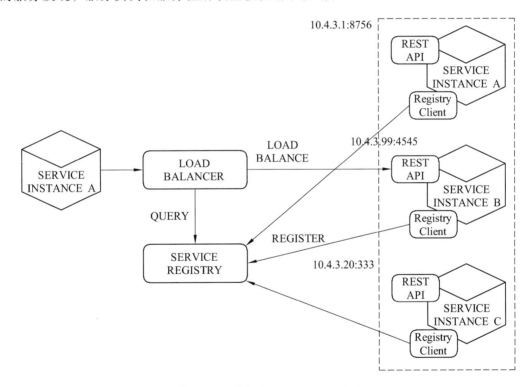

图 4-57　服务器端服务发现模式

AWS(负载均衡服务器)的 ELB(Elastic Load Balancer,弹性负载均衡)就是一个服务器端服务发现路由器。一个 ELB 通常被用来均衡来自互联网的外部流量,也可以用 ELB 去均衡流向 VPC(Virtual Private Cloud,虚拟私有云)的流量。一个客户端通过 ELB 发送请求(HTTP 或 TCP)时,使用的是 DNS,ELB 会均衡这些注册的 EC2 实例或 ECS(EC2 Container Service)容器的流量。没有另外的服务注册表,EC2 实例和 ECS 容器也只会在 ELB 上注册。

HTTP 服务器和类似 Nginx、Nginx Plus 的负载均衡器也可以被用作服务器端服务发现负载均衡器。例如，Consul Template 可以用来动态配置 Nginx 的反向代理。

Consul Template 定期从存储在 Consul 服务注册表的数据中，生成任意的配置文件。每当文件变化时，会运行一个 shell 命令。比如，Consul Template 可以生成一个配置反向代理的 nginx.conf 文件，然后运行一个命令告诉 Nginx 去重新加载配置。还有一个更复杂的实现，通过 HTTP API 或 DNS 去动态地重新配置 Nginx Plus。

有些部署环境，比如 Kubernetes 和 Marathon，会在集群中的每个 Host（主机）上运行一个代理。这个代理承担了服务器端服务发现负载均衡器的角色。为了向一个服务发送一个请求，一个客户端使用 Host 的 IP 地址和服务分配的端口，通过代理路由这个请求。这个代理会直接将请求发送到集群上可用的服务实例。

服务器端服务发现模式也是优势和缺陷并存的。最大的好处在于服务发现的细节被从客户端中抽象出来，客户端只需要向负载均衡器发送请求，不需要为服务客户端使用的每一种语言和框架实现服务发现逻辑；另外，这种模式也有一些问题，除非这个负载均衡器是由部署环境提供的，否则又是另一个需要启动和管理的、可用的系统组件。

3）服务注册表（Service Registry）

服务注册表是服务发现的关键部分，是一个包含了服务实例的网络地址的数据库，必须是高可用和最新的。客户端可以缓存从服务注册表处获得的网络地址。但是，这些信息最终会失效，客户端会找不到服务实例。所以，服务注册表由一个服务器集群组成，通过应用协议来保持一致性。

正如上面提到的，Netflix Eureka 是一个服务注册表的好例子。它提供了一个 REST API 用来注册和查询服务实例。一个服务实例通过 POST 请求来注册自己的网络位置，每隔 30 s 要通过一个 PUT 请求重新注册。注册表中的一个条目会因为一个 HTTP DELETE 请求或实例注册超时而被删除，客户端通过一个 HTTP GET 请求来检索注册的服务实例。

Netflix 通过在每个 EC2 的可用区中，运行一个或多个 Eureka 服务器实现高可用性。每个运行在 EC2 实例上的 Eureka 服务器都有一个弹性的 IP 地址。DNS TEXT Records 用来存储 Eureka 集群配置，实际上是从可用区到 Eureka 服务器网络地址列表的映射。当一个 Eureka 服务器启动时，会向 DNS 发送请求，检索 Eureka 集群的配置，定位节点，并为自己分配一个未占用的弹性 IP 地址。

Eureka 客户端（服务和服务客户端）查询 DNS 去寻找 Eureka 服务器的网络地址。客户端更想使用这个可用区内的 Eureka 服务器，如果没有可用的 Eureka 服务器，客户端会用另一个可用区内的 Eureka 服务器。

其他服务注册的例子包括：

Etcd：一个高可用、分布式、一致的 key-value 存储，用来共享配置和服务发现。

Kubernetes 和 Cloudfoundry 都使用了 etcd。

Consul：一个发现和配置服务的工具。客户端可以利用它提供的 API，注册和发现服务。Consul 可以执行监控检测来实现服务的高可用。

Apache Zookeeper：一个常用的、为分布式应用设计的高可用协调服务，最开始 Zookeeper 是 Hadoop 的子项目，现在已经为顶级项目了。

一些系统，比如 Kubernetes，Marathon 和 AWS 没有一个明确的服务注册组件，这项功能是内置在基础设置中的。

下面介绍服务实例如何在注册表中注册。

（1）服务注册（Service Registration）。

前面提到了服务实例必须要从注册表中注册和注销，有很多种方式来处理注册和注销的过程。一个选择是服务实例自己注册，即 Self-Registration 模式；另一种选择是用其他的系统组件管理服务实例的注册，即第 Third-Party Registration 模式。

（2）自注册模式（The Self-Registration Pattern）。

在 Self-Registration 模式中，服务实例负责从服务注册表中注册和注销。如果需要的话，一个服务实例发送心跳请求防止注册过期。图 4-58 所示展示了这种模式的架构：

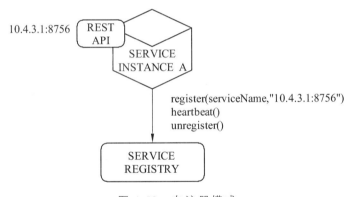

图 4-58　自注册模式

Netflix OSS Eureka 客户端是使用这种方式的一个好例子。Eureka 客户端处理服务实例注册和注销的所有问题。Spring Cloud 实现包括服务发现在内的多种模式，简化了 Eureka 的服务实例自动注册。仅仅通过@EnableEurekaClient 注释就可以注释 Java 的配置类。

Self-Registration 模式同样也是优劣并存。优势之一在于简单，不需要其他组件；缺点是服务实例和服务注册表相对应，必须要为服务中用到的每种编程语言和框架实现注册代码。

（3）第三方注册模式（The Third-Party Registration Pattern）。

在 Third-Party Registration 模式中，服务实例不会自己在服务注册表中注册，由另一个系统组件 Service Registrar 负责。Service Registrar 通过轮询部署环境或订阅事件去跟踪运行中的实例的变化。当它注意到一个新的可用的服务实例时，就会到注册表中去注册。Service Registrar 也会将停止的服务实例注销，图 4-59 所示展示了这种模式的架构。

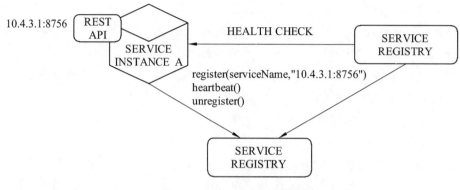

图 4-59　第三方注册模式

Service Registrar 的一个例子是开源的 Registrator 项目。它会自动注册和注销像 Docker 容器一样部署的服务。Registrator 支持 etcd 和 Consul 等服务注册。

另一个 Service Registrar 的例子是 NetflixOSS Prana。其主要用于非 JVM 语言编写的服务，它是一个和服务实例配合的双轮应用。Prana 会在 Netflix Eureka 上注册和注销实例。

Service Registrar 是一个部署环境的内置组件，由 Autoscaling Group 创建的 EC2 实例可以被 ELB 自动注册。Kubernetes 服务也可以自动注册。

Third-Party Registration 模式主要的优势在于解耦了服务和服务注册表，不需要为每个语言和框架都实现服务注册逻辑，服务实例注册由一个专用的服务集中实现；缺点是除了被内置到部署环境中，它本身也是一个高可用的系统组件，需要被启动和管理。

7. 部　署

部署一个单块系统的流程非常简单。然而在众多相互依赖的微服务中，部署却是完全不同的情况。如果部署方法不合适，那么其带来的复杂程度会让人无法接受下面介绍一些微服务部署的模式，先讨论一下每个主机多服务实例的模式。

1）单主机多服务实例模式

部署微服务的一种方法就是单主机多服务实例模式。使用这种模式，需要提供若干台物理或者虚拟机，在每台机器上运行多个服务实例。很多情况下，这是传统的应用部署方法。图 4-60 所示展示的是这种架构。

这种模式有一些参数，其中一个参数代表每个服务实例由多少进程构成。例如，需要在 Apache Tomcat Server 上部署一个 Java 服务实例作为 Web 应用，一个 Node.js 服务实例可能有一个父进程和若干个子进程构成。

另外一个参数定义同一进程组内有多少个服务实例运行。例如，可以在同一个 Apache Tomcat Server 上运行多个 Java Web 应用，或者在同一个 OSGI 容器内运行多个

OSGI 捆绑实例。

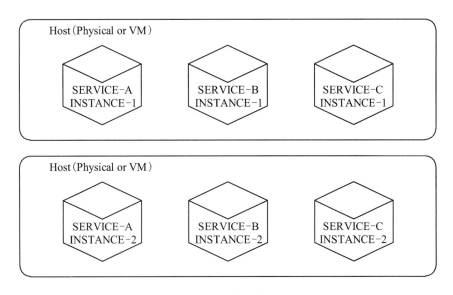

图 4-60 单主机多服务模式

单主机多服务实例模式也是优缺点并存的。其主要优点是资源利用有效性。多服务实例共享服务器和操作系统，如果进程组运行多个服务实例效率会更高。例如，多个 Web 应用共享同一个 Apache Tomcat Server 和 JVM。

该模式的另一个优点是部署服务实例很快。只需将服务拷贝到主机并启动它，如果服务用 Java 写的，只需要拷贝 JAR 或者 WAR 文件即可。对于其他语言，例如 Node.js 或者 Ruby，需要拷贝源码。这使得网络负载很低。

因为没有太多负载，启动服务会变得很快。如果服务是自包含的进程，只需要启动就可以；如果是运行在容器进程组中的某个服务实例，则需要动态部署进容器中，或者重启容器。

除了上述优点，单主机多服务实例也有缺陷。其中一个主要缺点是服务实例间很少有或者没有隔离。如果想精确监控每个服务实例资源使用，就不能限制每个实例资源使用，因此有可能造成某个糟糕的服务实例占用了主机的所有内存或者CPU。

同一进程内多服务实例没有隔离，如共享同一个 JVM heap，这使得某个糟糕服务实例很容易攻击同一进程中其他服务；更甚至于有可能无法监控每个服务实例使用的资源情况。

另一个严重问题在于运维团队必须知道如何部署的详细步骤。服务可以用不同语言和框架写成，因此开发团队需要和运维团队沟通烦琐事项。过程的复杂增加了部署过程中出错的可能性。

2）单主机单服务实例模式

另外一种部署微服务的方式是单主机单实例模式。当使用这种模式时，每个主机上服务实例都是各自独立的。有两种不同实现模式：单虚拟机单实例和单容器单实例。

（1）单虚拟机单实例模式。

单虚拟机单实例模式，一般将服务打包成虚拟机映像（Image），例如一个 Amazon EC2 AMI。每个服务实例是一个使用此映像启动的 VM（如 EC2 实例）。图 4-61 所示展示了此架构。

Netfix 采用这种架构部署 Video Streaming Service。Netfix 使用 Aminator 将每个服务打包成一个 EC2 AMI，每个运行服务实例就是一个 EC2 实例。有很多工具可以用来搭建自己的 VM。可以配置持续集成（CI）服务（例如，Jenkins）避免 Aminator 将服务打包成 EC2 AMI。packer.io 是自动虚拟机映像创建的另外一种选择，跟 Aminator 不同，它支持一系列虚拟化技术，例如 EC2，DigitalOcean，VirtualBox 和 VMware。

Boxfuse 公司有一个创新方法创建虚拟机映像，将 Java 应用打包成最小虚拟机映像，它们创建迅速，启动很快，因为对外暴露服务接口少而更加安全。

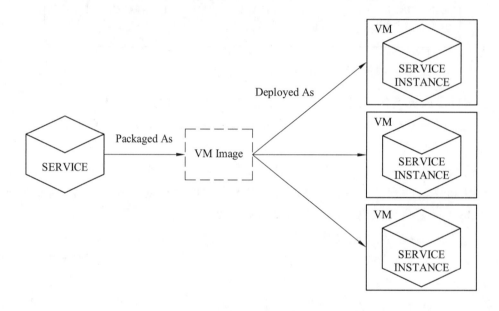

图 4-61　单虚拟机单实例模式

CloudNative 公司有一个用于创建 EC2 AMI 的 SaaS 应用——Bakery。用户微服务架构通过测试后，可以配置自己的 CI 服务器激活 Bakery。Bakery 将服务打包成 AMI。使用如 Bakery 的 SaaS 应用意味着用户不需要浪费时间再设置自己的 AMI 创建架构。

单虚拟机单服务实例模式有许多优势，主要优势在于每个服务实例都是完全独立运行的，都有各自独立的 CPU 和内存而不会被其他服务占用。另外一个好处在于用户可以使用成熟云架构，例如 AWS 的云服务都提供如负载均衡和扩展性等有用功能。还有一个好处在于服务实施技术被自包含了。一旦服务被打包成 VM 就成为一个黑盒子，VM 的管理 API 成为部署服务的 API，部署成为一个非常简单和可靠的事情。

单虚拟机单实例模式也有缺点，其中一个缺点就是资源利用效率不高。每个服务实例占用整个虚拟机的资源，包括操作系统。而且，在一个典型的公有 IaaS 环境，虚拟机资源都是标准化的，有可能未被充分利用。

公有 IaaS 根据 VM 来收费，而不管 VM 是否繁忙。例如，AWS 提供了自动扩展功能，但是对随需应用缺乏快速响应，使得用户不得不多部署 VM，从而增加了部署费用。另外一个缺点在于部署服务新版本比较慢。虚拟机镜像因为大小原因创建起来比较慢，同样原因，初始化也比较慢，操作系统启动也需要时间。但也不全是这样，一些轻量级虚拟机，例如使用 Boxfuse 创建的虚机，就比较快。

最后一个缺点是对于运维团队的。他们负责许多客制化工作，除非使用如 Boxfuse 之类的工具帮助减轻大量创建和管理 VM 的工作，否则会占用大量时间从事与核心业务不太相关的工作。

（2）单容器单服务实例模式。

当使用这种模式时，每个服务实例都运行在各自容器中。容器是运行在操作系统层面的虚拟化机制，一个容器包含若干运行在沙箱中的进程。从进程角度看，它们有各自的命名空间和根文件系统，可以限制容器的内存和 CPU 资源。某些容器还具有 I/O 限制，这类容器技术包括 Docker 和 Solaris Zones。图 4-62 所示展示了这种模式。

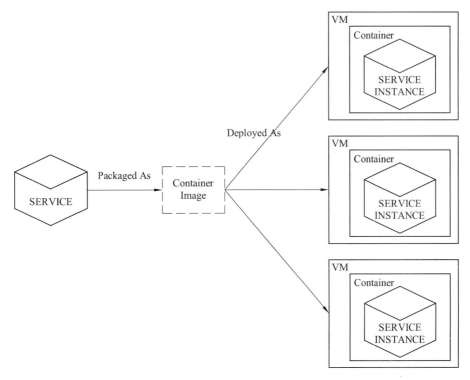

图 4-62　单容器单服务模式

使用这种模式需要将服务打包成容器映像。一个容器映像是一个运行包含服务所需库和应用的文件系统。某些容器映像由完整的 Linux 根文件系统组成，其他则是轻量级的。例如，为了部署 Java 服务，需要创建包含 Java 运行库的容器映像，也许还要包含 Apache Tomcat server，以及编译过的 Java 应用。一旦将服务打包成容器映像，就需要启动若干容器。一般在一个物理机或者虚拟机上运行多个容器，可能需要集群管理系统来管理容器，例如 k8s 或者 Marathon。集群管理系统将主机作为资源池，根据每个容器对资源的需求，决定将容器调度到那个主机上。

单容器单服务实例模式也是优缺点都有的。容器的优点跟虚拟机很相似，服务实例之间完全独立，可以很容易监控每个容器消耗的资源；容器使用隔离技术部署服务；容器管理 API 也可以作为管理服务的 API。

然而，和虚拟机不一样的是，容器是一个轻量级技术。容器映像创建起来很快，例如，在便携式计算机上，将 Spring Boot 应用打包成容器映像只需要 5 s。因为不需要操作系统启动机制，容器启动也很快。当容器启动时，后台服务就启动了。

使用容器也有一些缺点。尽管容器架构发展迅速，但还是不如虚拟机架构成熟，而且由于容器之间共享 host OS 内核，因此并不像虚拟机那么安全。另外，容器技术将会对管理容器映像提出许多客制化需求，除非使用如 Google Container Engine 或者 Amazon EC2 Container Service（ECS），否则用户将同时需要管理容器架构以及虚拟机架构。容器经常被部署在按照虚拟机收费的架构上，很显然，客户也会增加部署费用来应对负载的增长。有趣的是，容器和虚拟机之间的区别越来越模糊。

（3）Serverless 部署。

AWS Lambda 是 Serverless 部署技术的例子，支持 Java，Node.js 和 Python 服务，将服务打包成 Zip 文件上载到 AWS Lambda 就可以实现部署，可以提供元数据，提供处理服务请求函数的名字（一个事件）。AWS Lambda 自动运行处理请求足够多的微服务，然而只根据运行时间和消耗内存量来计费。

Lambda 函数是无状态服务，一般通过激活 AWS 服务处理请求。例如，当映像上载到 S3 Bucket 激活 Lambda 函数后，就可以在 DynamoDB 映像表中插入一个条目，给 Kinesis 流发布一条消息，触发映像处理动作。Lambda 函数也可以通过第三方 Web 服务激活。

有四种方法激活 Lambda 函数：

① 直接方式，使用 Web 服务请求

② 自动方式，回应例如 AWS S3、DynamoDB、Kinesis 或者 Simple Email Service 等产生的事件。

③ 自动方式，通过 AWS API 网关来处理应用客户端发出的 HTTP 请求。

④ 0 定时方式，通过 cron 来响应激活，这很像定时器方式。

可以看出，AWS Lambda 是一种很方便部署微服务的方式，基于请求计费方式意味着用户只需要承担处理自己业务的那部分负载。另外，因为不需要了解基础架构，用户只需要开发自己的应用。

然而该方式还是有不少限制：不用来部署长期服务，例如用来消费从第三方代理转发来的消息，请求必须在 300 s 内完成；服务必须是无状态的，因为理论上 AWS Lambda 会为每个请求生成一个独立的实例；必须用某种支持的语言完成；服务必须快速启动以防止超时被停止。

8. 安全

微服务架构通过定义分布式特征来获得灵活性，系统中的服务能够以分散方式独立开发和部署。从安全角度讲，这种开放架构的缺陷是，系统变得更脆弱，因为攻击面增加了，开放的端口更多，API 是公开的，而且安全保护变得更复杂，因为需要在多个位置执行安全保护。

1）身份验证和授权

身份验证和授权是在尝试与 IT 系统交互时通常会涉及的两个流程。这些核心流程可以确保系统面对攻击时的安全性。

身份验证是确认系统项目干系人具有他们声明的身份的过程。在人类世界，项目干系人通常通过提供用户名和密码对来进行身份验证。有一些先进且复杂的机制可用来执行身份验证，这些机制可能包括生物特征身份验证、多因素身份验证等。被验证的对象（人或特定的子系统）通常被称为主体。

授权机制用于确定允许一个主体在系统上执行哪些操作，或者主体可访问哪些资源，其通常在身份验证流程后触发。当主体通过身份验证后，该流程会提供主体的信息来帮助确定该主体能够和不能执行哪些操作。

在整体式应用程序中，身份验证和授权简单而又普通，因为它们由应用程序实际处理，不需要拥有高级机制来提供更安全的用户体验。但是，在具有典型的分布式特征的微服务架构中，必须采用更高级的模式来避免提供凭证的服务调用之间的反复拦截，这简化了身份验证和授权流程，利用了自动化功能，并提高了可扩展性。避免冗余地提供用户名和密码的一个著名解决方案是使用单点登录（SSO）方法。一些流行的SSO 实现提供了这项功能。

当微服务架构中应用 SSO 时，需要考虑的一种技术是创建一个 SSO 网关，并将它放在服务与身份提供者之间。然后，该网关可代为处理从系统传到外部和从外部传到系统的身份验证和授权流量。此技术可帮助避免每个微服务都需要与同一个身份提供者单独握手的情形，从而消除了冗余的流量。此技术的一个缺点是与网关建立了额外的关联，这违背了微服务架构的演化原则。

2）信任边界

一种选择可能是隐式地信任在一个已知、隔离的边界内的服务之间发出的所有调用。此技术初看起来像是不安全的，因为存在受到典型中间人攻击的风险。但实际上，随着专为微服务设计的成熟工具和技术的出现，此技术变得更加合理。

技术人员可以使用容器化技术（比如 Docker）来降低风险。Docker 提供的许多功能使开发人员能在不同层面灵活地、最大限度地提高微服务和整个应用程序的安全性。在构建服务代码时，开发人员可以自由使用渗透测试工具，对构建周期的任何部分执行压力测试。因为构建 Docker 镜像的源代码已在 Docker 分布组件（Docker 和 Docker Compose 文件）中明确地以声明形式进行了描述，所以开发人员可以轻松地处理镜像供应链，并在需要时执行安全策略。此外，我们能够通过将服务放入 Docker 容器中来轻松加固服务，使它们不可变，从而给服务增添强大的安全保障。

通过采用软件定义基础架构，可以使用脚本语言快速创建和配置私有网络，而且可以在网络级别上执行强大的安全策略。来自 HashiCorp 的 Terraform 是脚本语言的一个良好示例，该语言可帮助用户从虚拟机、网络等不同层级快速创建整个基础架构。

3）利用 SSO

如果已经使用 SSO 模式作为 IT 系统的身份验证和授权模式，那么此过程会很简单。我们可将 SSO 用于微服务架构中的服务之间的内部交互。此方法可使用现有的基础架构，也可简化对服务的访问控制，将所有访问控制操作都集中在一个企业访问目录服务器中。

4）基于 HTTP 的哈希运算消息验证码（HMAC）

一种常用的服务间身份验证模式是基于 HTTP 的基本身份验证。它之所以得到普遍使用，是因为它非常简单、轻量且成本很低。但是，它的一个缺点是，如果将它与简单的 HTTP 结合使用，则存在着凭证被轻松"嗅探"的风险。通过在服务间的每次交互中使用 HTTPS，可以减轻这些风险。但是，仅使用 HTTPS 的方法会增添大量的流量和证书管理开销。HMAC 可能是用来取代基本身份验证的候选方案。

在 HMAC 中，请求内容与一个私钥一起执行哈希运算，将得到的哈希值与请求一起发送。然后，通信的另一端使用它的私钥副本和收到的请求内容来重新创建哈希值。如果哈希值匹配，则允许请求通过；如果请求已被篡改，则哈希值不匹配，另一端就会知道并做出适当的反应。

5）使用特殊用途服务管理密钥

要消除微服务架构等分布式模型中的凭证管理开销，并从所构建系统的高安全性中获益，一种选择是使用一个综合性密钥管理工具。此工具允许存储、动态地租用、更新和撤销密钥（例如密码、API 密钥和证书）。由于微服务中规定的自动化原则，这些操作在微服务中非常重要。市场中已有一些项目拥有这个领域的功能，Vault（来自 HashiCorp）或 Keywhiz（来自 Square）是其中的两个例子。

6）混淆代理问题

当一个服务（客户端）尝试调用另一个服务（服务器）时，在完成身份验证并请求后，客户端开始从服务器收到信息。但是，为了满足来自客户端的请求，服务器通常需要与下游服务建立其他连接，以获取服务器没有的信息。在这种情况下，服务器会代表客户端尝试访问下游服务的信息。如果下游服务允许访问不允许客户端拥有的信息，这就会出现混淆代理问题。

技术人员需要了解这种情况，并拥有克服混淆代理问题的对策。一个解决方案是安全地分发一个综合令牌，该令牌可以帮助识别客户端，还可以用来进一步了解客户端有权访问哪些资源，并接受流量开销。

7）数据安全

数据被视为 IT 系统中最重要的资产，尤其是敏感数据。各种各样的机制可用于保护信息安全。但是，无论选择哪种方法，一定要考虑以下一般性的数据安全准则：使用著名的数据加密机制。尽管从理论上讲，不存在无法攻破的数据加密方法，但仍然存在一些成熟的、经过检验的、常用的机制（比如 AES-128 或 AES-256 等）。在进行安全考虑时使用这些机制，而不是在内部创建自己的方法。另外，及时更新和修补用于实现这些机制的库。还应使用一个综合性工具来管理密钥，如果密钥未得到妥善管理，那么用户为数据加密投入的所有努力都会白费。正确的做法是不将密钥和数据存储在同一个位置。另外，不要让密钥管理复杂性违背微服务架构的灵活性原则。一般情况可以使用具有微服务设计思路的综合性工具来保证用户的连续集成和交付。例如，使用 HashiCorp 的 Vault 或 Amazon Key Management Service 密钥管理工具。

8）深度防御

因为没有哪种解决方案能同时解决所有安全问题，所以提高微服务架构安全性的最佳方法是结合使用所有成熟的技术。更重要的是，设计者应将它们应用于架构的不同层级。除了身份验证、授权和数据安全之外，还可以考虑设置防火墙来提供进一步保护。防火墙常用于对外监视，阻止对系统不良意图的尝试。如果使用得当，防火墙可过滤掉大量恶意攻击，最大限度减少要在系统内的下游层级完成的工作。防火墙还可以放在不同层级上，一种常用的模式是在系统边缘设置一个防火墙，然后在每个主机本地设置一个防火墙。考虑到每个主机一个服务的模型的快速普及，这可能成为微服务的运行时环境。用户可以进一步定义一些 IP 表规则，以便仅允许已知 IP 范围的用户访问主机。借助防火墙，用户可以执行一些安全措施，比如访问控制、速率限制、HTTPS 终止等。

9）网络隔离

微服务架构的分布式特性带来了一些安全挑战。但是，每个服务的细粒度和高度针对性的特征意味着，技术人员可以轻松地将微服务放在网络中的不同隔离网段中，从而控制它们之间的交互。通过采用云技术和软件定义基础架构，网络隔离想法更容易实现，因为可以轻松地脚本化和自动化该过程。OpenStack 技术拥有一个名为 Neutron 的综合性网络技术栈，此技术栈允许用户快速配置虚拟私有网络，将虚拟服务器放在不同的子网中，并可配置这些子网，以想要的方式让它们进行交互。用户可以在分开的私有网络上实施安全策略，使用新兴的工具（比如 Terraform）通过脚本来加强服务安全性。

10）容器化服务

一种在微服务构建过程中被广泛采用的领先实践是：采用不可变基础架构。要实现此目的，可利用 Docker 等技术来为容器化技术人员服务。每个微服务都可以部署到一个单独的 Docker 容器中，从而在每个服务中详细地执行安全策略。这使得整个容器不可变，就像创建了一个加固的只读部署单元一样。可以将特定服务部署的每个基本映像放入扫描过程中，以便在较低的级别上保证服务的运行时环境的安全。

4.5.6 微服务设计

1. 概　述

如果正在开发一个大型的复杂项目，并且想要使用微服务架构。微服务架构把应用的结构变成了一系列松耦合的服务，使用微服务架构的目的是通过持续交付、持续部署来加速软件开发的速度。

2. 问　题

如何把应用拆解成服务？

3. 前置条件

（1）架构应该稳定。

（2）一个服务应该实现一个强相关的方法的小集合。

（3）服务必须遵从共同封闭原则。

（4）服务应该松耦合：一个服务实现的变化不影响调用它的 API 客户端。

（5）服务应该是可测试的。

（6）服务应该足够小，可以被 6~10 人的小团队开发。

（7）每个团队应该是自主的。一个团队可以开发和部署他们的服务，而只需要和别的团队有一些最小的合作。

4. 解决方案

应根据业务能力进行拆分。业务能力是业务架构模型中的一个概念。业务模型经常对应于一个业务对象，比如订单管理负责订单，客户管理负责客户。业务能力经常组织成一个多层等级。比如一个企业应用也许有顶级的分类，包括产品开发、产品交付、需求挖掘等；一个在线商城的业务能力包括：

（1）产品目录管理。

（2）存货管理。

（3）订单管理。

（4）发货管理。

……

5. 结　果

（1）架构稳定，因为业务能力相对比较稳定。

（2）开发团队是自主的，围绕着交付业务价值而不是技术特性来组织。

（3）服务之间共同合作，松耦合。

根据子域拆分原则，对应于领域驱动设计（DDD）所拆分的子域服务。一个领域由多个子域组成，每个子域对应了业务的不同组成部分。

子域可以被这样分类：

核心：业务的核心区分点，应用的最有价值的部分。

支持：与业务是做什么的相关，但不是主要区分点。这个可以自己实现或者外包。

通用：不特定于业务，理想情况下使用现成的软件来实现

4.6　工作流设计

4.6.1　流程定义规范

1. 工作流管理系统组成

经过对业务、公文流转过程的分析以及抽象，工作流管理系统围绕业务交互逻辑、业务处理逻辑以及参与者三个问题进行解决。

业务交互逻辑：对应为业务的流转过程，在工作流管理系统中对应地提出了工作流引擎、工作流设计器、流程操作来解决业务交互逻辑的问题。

业务处理逻辑：对应为业务流转过程中对表单、文档等的处理，在工作流管理系统中对应地提出了表单设计器、与表单的集成来解决业务处理逻辑的问题。

参与者：流转过程环节中对应的人或程序，在工作流管理系统中通过与应用程序的集成来解决参与者的问题。

工作流管理系统为方便业务交互逻辑、业务处理逻辑以及参与者的修改，基本通过提供可视化的流程设计器以及表单设计器来实现；为实现工作流管理系统的扩展性，提供了一系列的 API 支持。

一个完整的工作流管理系统通常由工作流引擎、工作流设计器、流程操作、工作流客户端程序、流程监控、表单设计器、与表单的集成以及与应用程序的集成八个部分组成。

2. 工作流引擎

工作流引擎作为工作流管理系统最核心也是最基础的部分，主要提供了对流程定义（流程图）的解析，还提供对解析产生的流程实例的支持。其中流程定义文件描述了业务的交互逻辑，工作流引擎通过流程定义文件中的业务交互逻辑进行解析和流转。

工作流引擎依据某种参考模型进行设计，通过使用不通的调度算法来进行流转，比如流程启动、终止、发起、完成、挂起、恢复等。流程在运行时通过对各个流程环

节选择不同的调度算法，比如分割、合并、选择等，来实现流程环节的控制流转。

工作流引擎作为整个工作流管理系统的心脏，其设计的好坏直接影响到整个流程的性能以及扩展性。

3. 工作流设计器

工作流设计器为流程定义文件的可视化设计工具，使用户能快速设计和修改流程定义文件，并尽可能地提高用户友好性。

一般工作流管理系统都会提供基于 Web 版和 IDE 版的可视化流程设计器，用户可以通过拖拉等方式来绘制流程，并对各个流程元素进行定义、操作、配置。

工作流设计器为用户以及开发商提供了快速设计、修改流程的方式。工作流设计器的好坏直接影响工作流管理系统的易用性。

4. 流程操作

流程操作指所有对流程环节的操作，比如流程启动、终止、挂起、恢复、完成、分流（单人办理）、并流（多人同时办理）、联审（会签）等。上述这些操作都是可以直接基于流程引擎所提供的调度算法来实现的，而在实际的需求中，往往需要对流程有着更复杂也更灵活的操作，比如回退、自由跳转、取回、传阅等，这些操作对于流程引擎来说是不符合设计的，所以需要单独去实现。

对流程操作支持的好坏直接决定一个工作流管理系统的实用性。

5. 工作流客户端程序

工作流客户端程序通常表现形式为 Web 方式展现，为用户提供流程任务的代办列表、已办列表等功能，提供给用户流程执行操作并查看流程执行状态、查看流程实例信息等来展现工作流系统的功能。

工作流客户端程序是用户对流程定义的实例直接操作的接口，也是用户与工作流最直接的接触，直接影响着用户的体验性。

6. 流程监控

流程监控提供以图表化的形式来展现流程在执行过程中的运转情况以及状态信息，例如展现每个流程流转环节的耗费时间。通过对流程的监控，用户可以对流程进行相应的优化，用以提高工作效率。

7. 表单设计器

表单设计器用来为客户和开发者提供快速设计和修改业务表单的方法。

一般表单设计器提供可视化的表单操作，用户直接通过拖放的方式来绘制业务所需表单，并可以进行相应的表单数据绑定。

8. 与表单的集成

表单是流程处理过程与业务数据的展现形式，可以理解为页面，里面的数据以及呈现形式根据业务自身情况而定。流程与表单的结合是一个难点。

9. 与应用程序的集成

工作流系统通过与业务系统的集成来完成对企业系统的工作流支撑，但是不同的企业系统有着自己的权限系统与组织机构。我们知道，流程的处理和流转环节是需要绑定不同的执行人和执行角色的，而流程的操作又与权限系统、组织机构息息相关。所以工作流系统与应用程序的集成好坏，直接影响着整个工作流系统的安全性。

4.6.2 分析方法

1. 流程定制

1）流程的业务过程

工作流是一种反映业务流程的计算机化的、实现经营过程集成与经营过程自动化而建立的可由工作流管理系统执行的业务模型。工作流起源于生产组织和办公自动化领域，其目的是将现有工作分解，按照一定的规则和过程来执行并监控，以提高效率、降低成本。图 4-63 所示是用户使用工作流系统的总体业务过程。

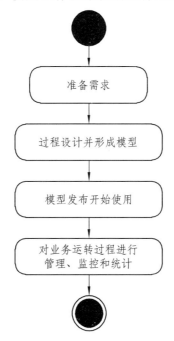

图 4-63　工作流系统总体业务过程

2）流程的结构

工作流管理系统由客户端、流程定制工具、流程监控与管理以及工作流运行服务四个部分组成，整个系统的使用者可以分为四种：系统管理员、流程设计人员、流程管理人员、普通用户。图4-64所示是工作流系统架构图。

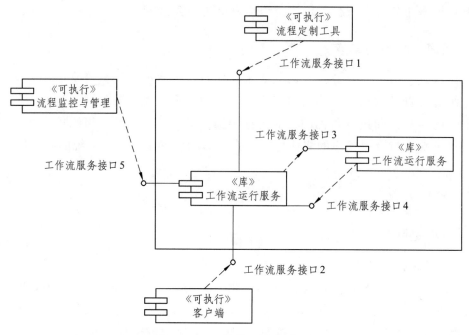

图 4-64　工作流系统架构图

工作流系统架构图详细内容如表4-8所示。

表 4-8　工作流系统架构表

子系统	业务模块	备　注
流程定义	流程定义、节点定义、路由定义、个性化表单	工作流的客户端，可采用图形化界面或表单界面实现
流程表单	自定义工作流表单，定义表单内容、表单布局；定义一对多表单	多客户表单可以在不写代码的情况下，实现对表单的灵活定义
流程关联	流程变量、节点选择、人员选择	与业务模块结合最紧密的部分，走流程的业务均由此启动
流程审批	待办事项、已办事项、办结事项、提交、打回、追回、会签、自由流转、双人审批、授权与转授权、终审、子流程	工作流启动后，各个环节的流转全依赖此，是工作流的引擎以及最核心的部分
流程维护	监控所有正在运行中流程、流程轨迹、流程复位、流程纠错	查看审批中或通过的所有流程，对审批结束的流程可以复位，出错的流程纠错后也可重新发起

2. 准备需求

1）明确流程主体走向

参与者：流程设计者。

通过需求工程中的业务情景视图，流程设计者可以得知整个流程的主体走向，以及发起流程的参与者、审批流程的参与者都有哪些。

例如，请假工作流：

（我）员工→组长→经理→主管→人事→总经理（董事会）

2）明确多条件审批流程步骤

从业务情景视图中可以得知，一些审批流程需要各种条件去决定流程的走向。有可能是结束条件，在第二个节点就已经可以完成此流程；也有可能是通过条件，不走哪些流程节点，而走其他流程节点。

例如，出差（报账）工作流：

（我）员工（需要报销 12 000 元）→组长→经理（1 000 元）→财务总监（5 000 元）→总经理（10 000 元以内）→董事长

3）明确流程节点决策类型

有些节点需要多人审批，有些节点只需要一人审批。多人审批的可能需要一定的通过率才能继续向下执行流程，单人审批的可能是多个人都可以领取该任务，只要一人领取了任务，该节点的其他审批者就不需要审批了。

例如，董事会审批节点：

董事会全部成员均需参与"新员工配置计算机"节点审批，通过率大于 50%则流程继续向下顺序执行，否则退回到上一节点重新审批。

绘制流程图的质量好坏取决于需求分析，从绘好的活动图和用例图等 UML 图形分析得来，做好需求准备这一阶段工作，可以有效减少工作量。

3. 何时配置拦截器

工作流中的拦截器是动态拦截节点中设置的对象，它提供了一种机制使开发者可以定义在一个节点的前后执行的代码，也可以在一个节点执行前阻止其执行，是工作流重要的组成部分。

当普通流程不足以完全实现业务流程时，比如需要持久化业务数据到数据库或者文件，此时可以配置节点拦截器。

根据业务实际情况，可以选择前置拦截器或者完成拦截器，其区别在于：一个流程的结束意味着另一个流程的开始，前置拦截器是当流程即将进入该节点但是还没有进入时运行的，完成拦截器是指当一个流程节点运行完毕后执行的。

例如，当发起一条流程时，需要将业务数据的状态改变，从"待提交"改变为"审核中"。我们就可以给一个任务节点添加完成拦截器，拦截器里的内容就是一条 SQL 语句。

4. 何时配置表单参数

当一个页面跳转到另一个页面时，往往需要在 URL 地址后追加参数，格式为：?age=1&sex=1 工作流提供了这种方式，当页面需要前一个页面相关数据时，可以在工作流中配置，简化工作量。

4.6.3 工具

1. 元 素

1）开始节点

流程开始节点表示整个流程的发起，一个流程定义文件只能存在一个开始节点。

2）结束节点

流程结束节点表示流程的终止。

3）任务节点

任务节点表示在流程的执行过程中需要外界的参与才能够执行的节点，包括人工或者是自动服务。流程引擎根据不同的任务类型执行不同的功能。

4）子流程节点

子流程节点表示在一个流程定义中引用另外的流程，那么此时这两个流程之间就有了联系，相当于是"继承"，意味着子流程可以获取并使用父流程的信息。

当父流程执行到子流程的时候会去执行子流程，只有当子流程执行完了以后，才会继续执行父流程的后续元素。

5）分支节点

分支节点是指这个节点需要按照一定条件进行判断，根据条件系统自动选择下一步应该怎么流转。

6）聚合节点

聚合节点表示连线到该节点的所有节点全部处理完毕后，才会流转到的后置节点。

7）连线

以连线连接的节点以箭头为方向运行，连线上也可以设置判断条件，相当于分支节点的功能，根据判断结果执行不同后置节点。

2. 向 导

通过需求平台中的业务情景视图和界面原型，可以直接生成工作流，节点参与者和绑定表单等内容会自动填充。

3. 编辑器

1）主体

由图 4-65 所示可以看出，工作流编辑器由设计编辑器、文本编辑器、画板组成。

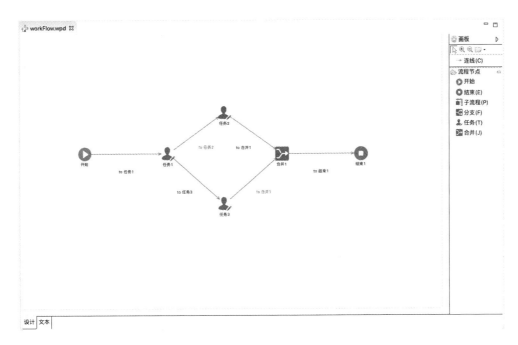

图 4-65　工作流编辑器主体

2）画板

画板由开始、结束、子流程、分支、聚合、任务、合并、连线等元素组成，如图 4-66 所示。

图 4-66　工作流画板

4. 操　作

经过上述的分析，我们已经对工作流的一些概念和方法有了一定的认识，接下来用一个例子来运用这些概念。

1）新建

工作流文件可以由业务情景视图自动生成，也可以手动建立，如图 4-67 所示。

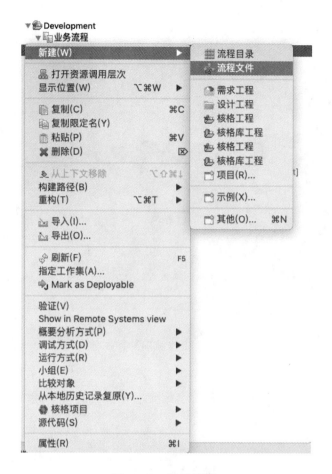

图 4-67　新建流程

2）拖拽元素

在业务逻辑流视图中，拖动画板中的元素并重命名，如图 4-68 所示。

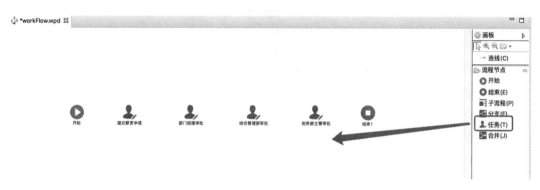

图 4-68　拖拽元素

3）连线并设置条件

元素应由连线贯穿始终，双击连线，还可以配置判断条件，如图 4-69、图 4-70 所示。

图 4-69　连线

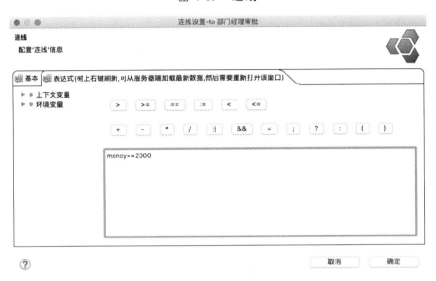

图 4-70　设置连线条件

4）填充参与者

填充参与者时可以选择发起人也可以选择数据库中的角色或者进行自定义，图 4-71 所示为选择流程发起人。

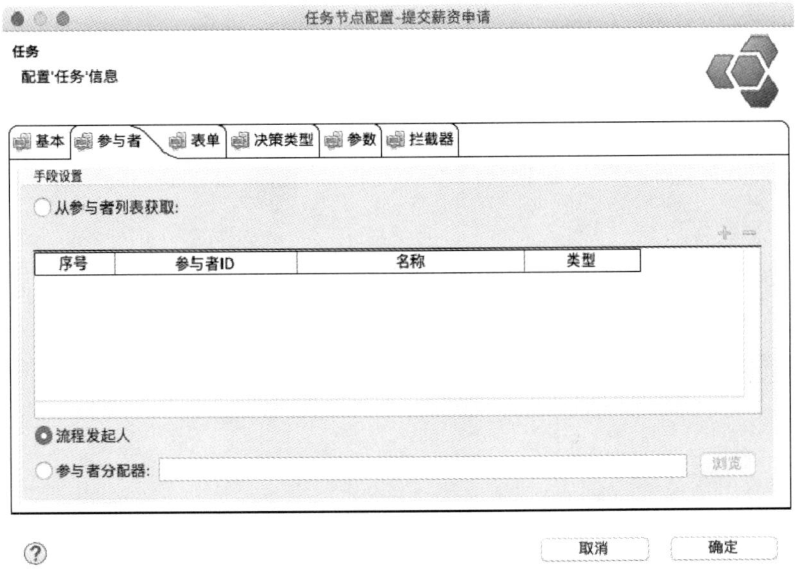

图 4-71　选择流程发起人

图 4-72 所示为选择数据库中的参与者列表。

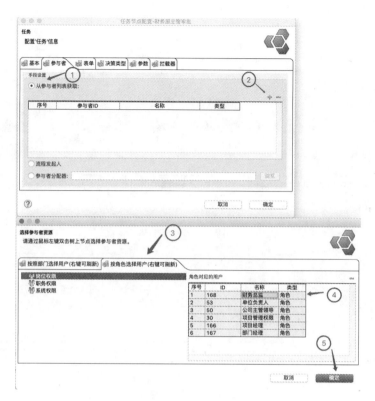

图 4-72　选择数据库中的参与者列表

5）填充表单

选择表单，将审批页面填入，如果需要页面之间传递信息，还需要添加参数列表，如图 4-73 所示。

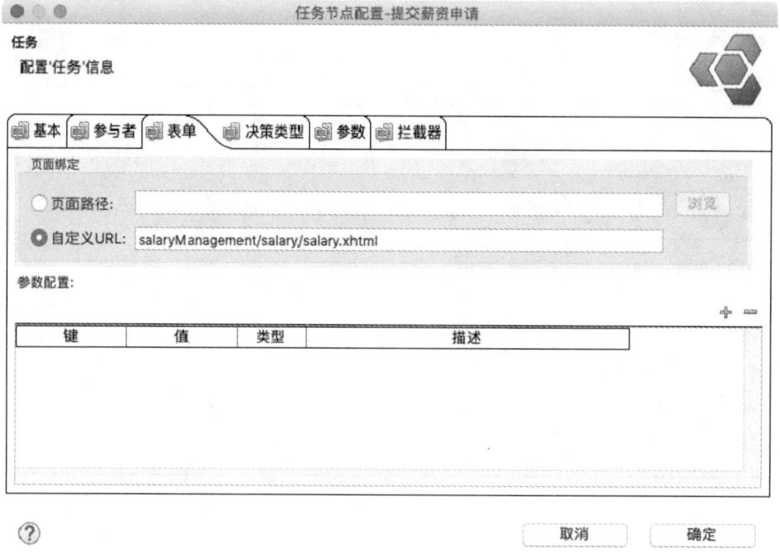

图 4-73　填充表单

6）基本设置

根据业务需求，还可以选择发送短信、发送邮件等功能，如图 4-74 所示。

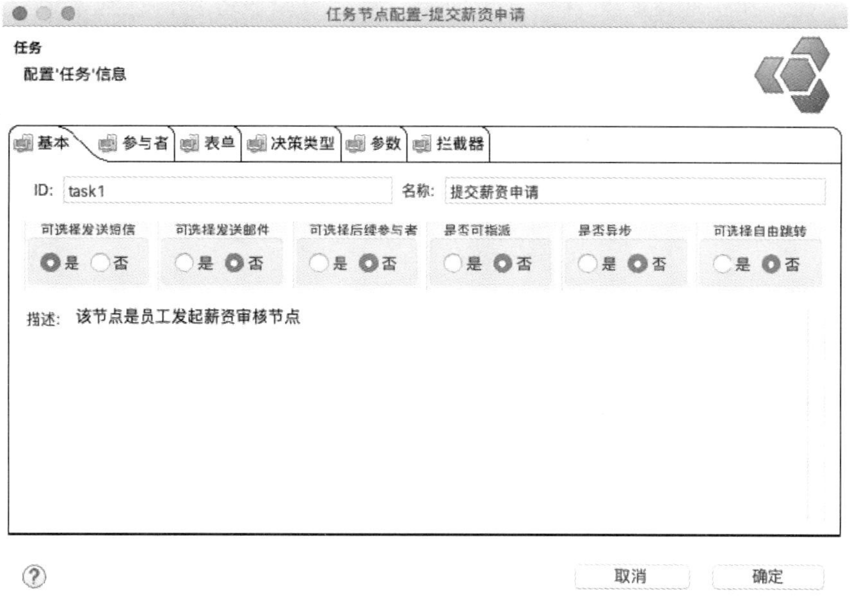

图 4-74　节点配置

7）设置拦截器

设置拦截器页面如图 4-75 所示。

图 4-75　设置拦截器

8）流程提交

当所有节点都配置完成后，就可提交流程了，右键空白处选择"流程引擎交互"，点击"流程提交"。前提条件是项目已经部署的服务器必须启动。

此时，流程就会提交到服务器并将信息持久化到数据库中。后续只需要在 Web 客户端进行发起流程、审批流程等操作了。

9）流程更新

如果在 Web 客户端修改了流程图，那么修改的数据会同步到数据库。此时，服务器上的信息就会和本地流程文件信息不同步，需要更新服务器信息到本地中。点击图 4-76 中"流程提交"菜单项下方的"流程更新"，就会将信息同步到本地。

图 4-76   流程提交

4.6.4   案例分析

本小节以薪资管理系统中的处理薪资异常为例。上面说到工作流是由业务情景推导而来，所以先来看一看处理薪资异常的业务情景，如图 4-77 所示。

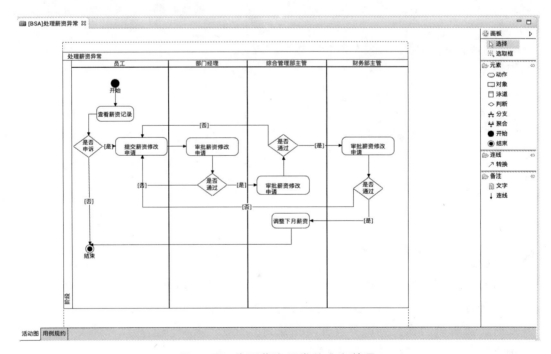

图 4-77   处理薪资异常的业务情景

接下来我们要分析需要哪些节点以及节点的具体配置。

1. 梳理节点

在上面的业务情景中我们整理出了4个任务节点：

（1）员工提交薪资修改申请。

（2）部门经理审批薪资修改申请。

（3）综合管理部主管审批薪资修改申请。

（4）财务部主管审批薪资修改申请。

流程图如图4-78所示。

图 4-78　审批薪资修改流程

2. 设置拦截器

（1）根据业务需求，我们还需要修改业务表状态。

（2）通过综合管理部主管泳道可以看出，其拥有一个修改下月薪资的工作。

我们通过设置拦截器完成这两个任务，如图4-79、图4-80所示。

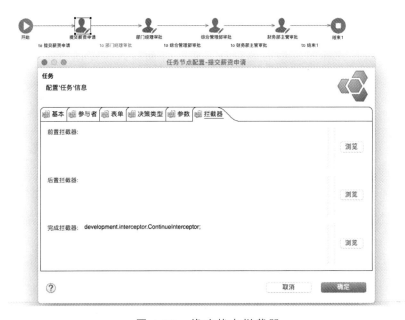

图 4-79　修改状态拦截器

图 4-80　调整薪资拦截器

4.7　界面设计

4.7.1　分析方法

1. UI 设计原则

1）一致性原则

设计时坚持以用户体验为中心的设计原则，界面直观、简洁，操作方便快捷，用户接触软件后对界面上的功能应一目了然，不需要太多培训就可以方便使用本应用系统。

（1）字体：保持字体及颜色一致，避免一套主题出现多个字体；不可修改的字段，统一用灰色文字显示。

（2）对齐：保持页面内元素对齐方式的一致性，如无特殊情况应避免同一页面出现多种数据对齐方式。

（3）表单录入：在包含必填与选填的页面中，必须在必填项旁边给出醒目标识（＊）；各类型数据输入需限制文本类型，并做格式校验，如电话号码输入只允许输入数字、邮箱地址需要包含"@"等，在用户输入有误时给出明确提示。

（4）鼠标手势：可点击的按钮、链接需要切换鼠标手势至手型。

（5）保持功能及内容描述一致：避免同一功能描述使用多个词汇，如编辑和修改、新增和增加、删除和清除混用等。建议在项目开发阶段建立一个产品词典，包括产品中常用术语及描述，设计或开发人员应严格按照产品词典中的术语词汇来展示文字信息。

2）准确性原则

使用一致的标记、标准缩写和颜色，显示信息的含义应该非常明确，用户不必再参考其他信息源。

（1）显示有意义的出错信息，而不是单纯的程序错误代码。

（2）避免使用文本输入框来放置不可编辑的文字内容，不要将文本输入框当成标签使用。

（3）使用缩进和文本来辅助理解。

（4）使用用户语言词汇，而不是单纯的专业计算机术语。

（5）高效地使用显示器的显示空间，但应避免过于拥挤的情况。

（6）保持语言的一致性，如"确定"对应"取消""是"对应"否"。

3）可读性原则

（1）文字长度。

文字的长度选取，特别是在大块空白的设计中很重要。太长会导致眼睛疲惫，阅读困难；太短又经常会造成尴尬的断裂效果出现，这些断裂严重地影响了阅读的流畅性。

（2）空间和对比度。

每个字符应同长度，同间距。所以每个字符之间的空间至少等于字符的尺寸，大多数文字设计人员习惯选择一个最小文字大小的150%为空间距离，这样就可以留下足够的空间。当在每一行中读取大段的文字，且线路长度过长或字之间的空间太小，都会造成理解困难。

（3）对其方式。

无论是在文本中心，还是偏左，或者是沿着一个文件的右侧对齐，文本的对齐都相当重要，会极大地影响可读性。一般而言，文本习惯向左对齐，因为它反映了用户的阅读方式——从左至右。

4）布局合理化原则

在进行 UI 设计时需要充分考虑布局的合理化问题，遵循用户从上而下、自左向右的浏览、操作习惯，避免常用业务功能按键排列过于分散，造成用户鼠标移动距离过长的弊端。多做"减法"运算，将不常用的功能区块隐藏，以保持界面的简洁，使用户专注于主要业务操作流程，有利于提高软件的易用性及可用性。

（1）菜单：保持菜单简洁性及分类的准确性，避免菜单深度超过 3 层；菜单中功能是需要打开一个新页面来完成的，需要在菜单名字后面加上"…"。

（2）按钮：确认操作按钮放置于左边，取消或关闭按钮放置于右边。

（3）功能：未完成功能必须隐藏处理，不要置于页面内容中，以免引起误会。

（4）排版：所有文字内容排版应避免贴边显示（页面边缘），尽量保持 10~20 像素的间距并在垂直方向上居中对齐；各控件元素间也保持至少 10 像素以上的间距，并确保控件元素不紧贴于页面边沿。

（5）表格数据列表：字符型数据保持左对齐，数值型右对齐（方便阅读对比），并根据字段要求，统一显示小数位位数。

（6）滚动条：页面布局设计时应避免出现横向滚动条。

（7）页面导航：在页面显眼位置应该出现页面导航栏，让用户知道当前所在页面的位置，并明确导航结构，如：首页→新闻中心→新闻详情，其中带下画线部分为可点击链接。

（8）信息提示窗口：信息提示窗口应位于当前页面的居中位置，并适当弱化背景层以减少信息干扰，使用户把注意力集中在当前的信息提示窗口。一般做法是在信息提示窗口的背面加一个半透明颜色填充的遮罩层。

5）系统操作合理性原则

（1）尽量确保用户在不使用鼠标（只使用键盘）的情况下也可以流畅地完成一些常用的业务操作，各控件间可以通过 Tab 键进行切换，并将可编辑的文本全选处理。

（2）查询检索类页面，在查询条件输入框内按回车键应该自动触发查询操作。

（3）在进行一些不可逆或者删除操作时应该有信息提示用户，并让用户确认是否继续操作，必要时应该把操作造成的后果也告诉用户。

（4）信息提示窗口的"确认"及"取消"按钮需要分别映射键盘按键"Enter"和"ESC"。

（5）避免使用鼠标双击动作，因为这样不仅会增加用户操作难度，而且可能会引起用户误会，认为功能点击无效。

（6）表单录入页面中，需要把输入焦点定位到第一个输入项。用户通过"Tab"键可以在输入框或操作按钮间相互切换，应注意"Tab"的操作应该遵循从左向右、从上而下的顺序。

6）系统响应时间原则

系统响应时间应该适中，响应时间过长，用户就会感到不安和沮丧，而响应时间过快也会影响到用户的操作节奏，并可能导致错误。因此在系统响应时间上坚持如下原则：

（1）2~5 s 的窗口显示处理信息提示，避免用户误认为没响应而重复操作。

（2）显示处理窗口或显示进度条 5 s 以上。

一个长时间的处理完成时应给出完成警告信息显示。

2. UI 设计规范与流程

1）网页设计规范

（1）网页设计尺寸。

制作网页时一般选用的分辨率是 72 px/in（1 in = 2.54 cm），使用的画布尺寸 1 920×1 080（px），但这并不代表我们可以在整个画布上作图。

网页的布局主要有两种：左右型布局和居中型布局。布局的不一致，使可设计的空间也不相同。

左右结构型布局如图 4-81 所示，特点如下：

① 左右布局，灵活性强，UI 的限制小。

② 左边通栏为导航栏，宽度没有具体的限制，可以根据实际情况进行调整。

③ 右侧为内容板块范围，是网站内容展示区域。

图 4-81　左右结构型

居中型布局如图 4-82 所示，特点如下：

① 居中布局，中间的黄色部分为有效的显示区域，用于网站内容的展示。

② 两边均为留白，没有实际用途，只是为了适配而存在。

③ 内容限制区域刚好控制在 1 000~1 200 px。

图 4-82　居中型

（2）其他需要注意的事项。

做网页设计时，还要特别注意网页的首屏内容，在构图和内容呈现上，首屏模块的设计是至关重要的。除去任务栏、浏览器菜单栏以及状态栏的高度，剩下的便是首屏高度。

如图 4-83 所示，深色区域是我们设计时要着重考虑的首屏范围。

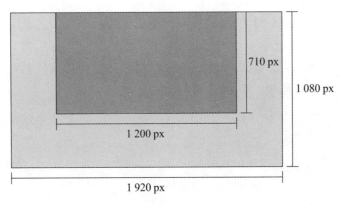

图 4-83　首屏范围

接下来讨论关于图片尺寸问题。需要全屏显示的图片，宽度尺寸严格设计为1 920 px。但值得注意的是，图片内容的有效范围不能超过网页内容的有效范围，应控制在 1 200 px 以内，以免遇到小屏设备时显示不全，造成信息遗漏。

2）IOS 设计规范

（1）屏幕分辨率。

IOS 设备的屏幕分辨率如图 4-84 所示，除了图示的几种尺寸，还有分辨率 320×480的老机型，但是由于用户量较少，当前的设计已经不再需要考虑。

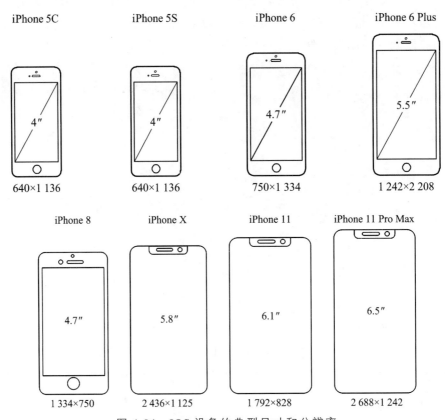

图 4-84　IOS 设备的典型尺寸和分辨率

（2）官方 UI 界面。

实际上，苹果公司有给出官方的 UI 设计界面，如图 4-85 所示，包括 Icon（图标）、头部、Tab 切换和常规控件等都有明确的规范说明。

图 4-85　苹果官方 UI 设计界面

3）Android 设计规范

（1）屏幕分辨率。

Android 设备的屏幕分辨率如图 4-86 所示。Android 设备的屏幕分辨率是非常多的，作为 UI 设计师不可能每一种尺寸都做一种设计，但必须要对主流尺寸做适配。

图 4-86　Android 设备的主流尺寸

（2）官方 UI 界面。

和 IOS 一样，Android 也会针对每个版本给出官方的 UI 设计界面规范，UI 设计师有必要遵守这些设计规范，如图 4-87 所示。

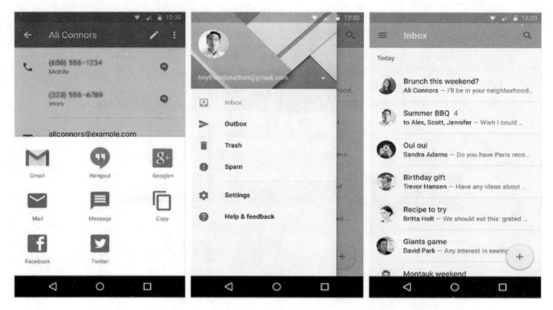

图 4-87　Android 设备的 UI 设计界面规范

3. 交互设计形式

1）鼠标操作图形界面和指点设备

这是最常见的与计算机互动的方法，几乎包括所有常用的应用设计。至今还没有一种新的人机交互模式代替图形用户界面成为主流，用户拖放、双击这些动作在不同应用程序背后的意义并非完全标准，也不是完全是固定的。

2）实体界面

受到计算无处不在及穿戴式计算机和虚拟现实发展，MIT Media Lab 的 H.Lshii 等人对可抓握用户界面（graspable user interface）理论进行了研究，于 1997 年提出了有形用户界面的思想。传统的图形用户界面事实上成为隔离物质世界和信息世界之间的屏障，有形用户界面希望在用户、比特和原子之间建立一个无缝交互界面。这与目前主流的图形用户界面有着本质的不同。

3）存在和机器感

参与者的在与不在，看似简单，但是却是可以由重量、活动、光、热或声音等因素组成的一个直觉性活动。例如，图 4-88 所示的声光互动滑梯，就是由活动和声音控制灯光的一种交互装置。

图 4-88　声光互动滑梯

4）触摸界面与多点输入

iPhone，Microsoft Surface（微软开发的第一款便携式计算机）等许多运用多点输入的新产品已被推广。用两个手指来放大或缩小，转动两个手指来旋转，轻轻敲击来选择，既非常自然，又很有效率。StarTracker VR 提供最佳的虚拟现实观星体验，将面前的实际夜空与星星及其图案的更多信息结合在一起。有了这个应用程序，观星体验就从寻找连接点图片，升级到了实际了解这些闪亮的光球发生了什么，如图 4-89所示。

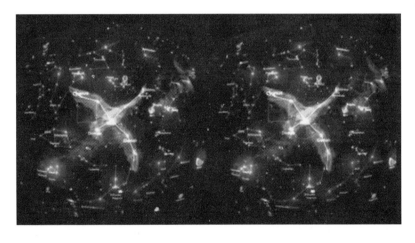

图 4-89　虚拟现实观星体验

5）手势

手势是一个非常吸引人的交互方式。这种不是由键盘或鼠标来驾驭的交互观念是相当有冲击力的，因为鼠标和键盘通常对特定的交互任务来说是非直观的。手势通常是通过触屏界面、摄像头或笔来实现的。使用手势操作来建立交互的基本原则一般不会改变，其中的要点是哪些手势是人所熟悉的、习惯性的，如表示"OK"的手势。这些手势已经成为一种语言，当成常用的自然语言来进行交互，如用手势来操控电子书，如图 4-90 所示。

图 4-90　用自然手势控制屏幕内的虚拟电子书

6）声音和语音识别

声音识别是通过识别某些声波的特征去执行一些指令或某些任务的计算机程序。这些指令可能是简单的声音开关，也就是说通过声音可以控制开关；也可能是复杂的，如识别含有不同编码的命令。语音识别则是计算机通过声音来辨认词组或指令，最终确定具体的指令是什么。语音识别运用和声音识别大致相同的方法。除了语言，声音本身也可以用来提供输入、体积、音调和持续时间等信息，亦可以促进用户和计算机程序之间的交互。

4. 交互设计原则

1）可视性原则

可视性，简而言之就是指看的程度，在交互的过程中这是首先要规划好的。功能可视性越好，越方便用户发现和了解使用方法。功能可视性把握不好的话，也就很难达成良好的用户体验效果，还有可能直接导致整个设计的失败。因此，交互设计的第一项原则就是可视性。

比如说当切换大小写的时候，键盘有对应的指示灯显示。

2）反馈原则

反馈用来反映活动相关的信息，以便用户能够继续下一步操作。所有设计的最终目标还是使用户满意。反馈是为用户服务的，所以交互过程要能够引导用户进行下一步的操作，以方便用户为准，如图 4-91 所示。

图 4-91　键盘大写的时候会有小灯亮起

3）限制原则

在特定时刻显示用户操作，以防止误操作出现。把握好限制时刻也是设计师需要注意的一点，以避免不必要的一些麻烦。比如提醒用户是否确定删除，如图 4-92 所示。

图 4-92　提醒用户是否删除

4）映射原则

在逻辑设计中，映射是将门级的描述在用户的约束下，按照一定的算法定位到器件的单元结构中。在交互设计中，设计师就要准确表达控制及其效果之间的关系。

5）一致性原则

一致性原则用来保证同一系统的同一功能的表现及操作的一致。这样做的目的也是简化整个交互流程，提高操作的效率。化繁为简才能更好地给客户带来一个好的体验。

比如，用户熟悉了一个系列某个产品，同一个系列的产品也会使用，如图 4-93 所示。

图 4-93　Adobe 系列产品

5. 交互设计方法

1）Dan Saffer 提出的 4 种交互设计方法

Dan Saffer 认为在交互设计领域中，不仅关于交互设计是什么有不同的学派观点，实践中各种不同的设计风格也很值得探讨。他提出了在开展交互设计项目时主要会用到的 4 种方法。

方法一：以用户为中心的设计。

以用户为中心的设计（User Centered Design，UCD）源于第二次世界大战之后工业设计和人机工程学的兴起，体现的是以人为本。工业设计师亨利·德雷夫斯（Henry Dreyfuss，1903-1976）在 1955 年 *Designing for People* 一书中介绍了 UCD 方法，其主要观点认为设计师应使产品适合人而不是人去适应产品。Dan Saffer 认为，提出以用户为中心的理由是"使用产品或服务的人知道自己的需求、目标和偏好，设计师需要发现这些并为其设计"。UCD 主要根据用户的需求进行设计，用户参与或跟踪产品设计的全过程，是一种将用户优先放在首位的设计模式，其要点包括以下 5 项：

（1）以用户需求为第一位（将用户的需求和喜好放在首位）。

（2）了解用户要想完成的任务。

（3）确定为完成任务所采用的手段。

（4）通过用户咨询、用户访谈、观察等手段验证产品模型。

（5）用户参加设计的各个阶段（理想状态）。

UCD 可以从以下 3 个方面理解：

（1）在设计理念上，设计师不能把自己当成用户，而要一切以真正的用户需求为核心。

（2）在设计方法上，采用行之有效的方法了解用户需求，确定设计目标。

（3）在设计过程中，尽可能邀请用户参与设计，发现设计中的问题，确定合适的解决方案。

以用户为中心的设计方法多用于网页及计算机软件的设计。在充分了解用户需求的基础上展开设计，有利于提高产品的易用性，减少用户的学习成本，提升产品对用户的吸引力，进而满足使用和体验的目标。

UCD 方法是建立在用户了解产品的基础之上，如果选择的用户对产品缺乏了解，仅仅依赖从用户处得到的信息来进行产品研发，有时会导致产品和服务视野狭窄。尤其是对基于新技术的产品开发，在产品开发的前期并非一定要采取 UCD 方法，而是在产品原型或样机出来以后，再吸收用户参与评估。

方法二：以活动为中心的设计。

以活动为中心的设计（Activity-Centered Design，ACD）亦称为以行动为中心的设计，其设计思想由美国著名心理学家诺曼提出。UCD 关注的是用户需求与目标，由用户来引导设计；ACD 关注的是需要完成的任务和目标，由活动来引导设计。用户完成特定任务需要一系列决策和动作，ACD 就是围绕由这些决策和动作构成的活动来展开设计。

ACD 的理论基础是活动理论（Activity Theory）。活动理论起源于康德与黑格尔的古典哲学，形成于马克思辩证唯物主义，成熟于苏联心理学家列昂捷夫与鲁利亚，是社会文化活动与社会历史的研究成果。活动理论不是方法论，是研究不同形式的人类实践的哲学框架，Dan Saffer 认为，活动哲学关注的是人们做什么，以及关注人们为工作创建的工具，以活动为中心的设计就是这种哲学思想的应用。

关于以活动为中心的设计思想要点如下：

（1）ACD 将用户要做的"事"作为重点关注的对象，这样有利于设计人员能够集中精力。

（2）不能一味强调技术适应人。UCD 忽视了人的主观能动性和对技术的适应能力，诺曼指出，历史上很多实例表明，一个设计成功的物品同样需要人去适应并学会如何使用。如交互设计的典型产品 iPod、iPhone 和 iPad 等，第一次接触的用户同样需要一个学习的过程才能顺利使用。

（3）UCD 并非绝对正确。诺曼认为倾听用户永远是明智的，但屈从于用户会导致过于复杂的设计。由于用户群的多样性、可变性和复杂性，不可能完全根据所有用户需求来设计产品，有时会采纳一部分用户的意见，有时会放弃一部分用户的意见。

一方面，不能过分强调 ACD 而忽视 UCD，设计师若专注于 ACD，可能会导致对全局考虑的缺失。如用户完成任务需要较高的技能，或需要较长的学习过程，或需要读一本厚厚的说明书。

另一方面，关注用户的活动也离不开"人"这个活动的主体，在交互设计中采用 ACD 方法同时也必须考虑 UCD 的观点和思想。根据活动理论的原则，活动具有层次结构，操作是动作单位，行动是活动单元，活动是一系列行动的总和。从操作、行动到活动的形式是多样的，但活动的目标是固定的。因此 ACD 可以进一步转化为兼顾 UCD 的以目标为导向的设计。

方法三：系统设计。

系统设计（System Design，SD）是一种非常理性的设计方法。其实质是将用户、产品和环境等组成要素构成的系统作为一个整体来考虑，分析各组成要素的作用和相互影响，根据系统目标提出合理的设计方案。

下面以空调系统为例说明系统的组成。

目标：系统的整体目标，如夏天是否将室内温度保持在 26℃。可以通过用户设置，作为用户目标之一。

环境：室内和室外的情况，如室内人员、物品、隔热条件和室外温度等。

传感器：感知室内温度的变化，将温度值传输到系统。

干扰：干扰是环境中元素的变化对系统目标产生的影响，如室内人数的多少、开门的次数、室外温度的变化等会引起室温偏离预定目标。有些干扰是在设定范围之内的，有些可能是意外的，如极端天气等。

比较器：将当前状态（环境）与设定状态（目标）进行比较。系统将两者之间任何差异当成误差，并设法调整。

执行器：根据比较器检测的数值，若当前状态与设定目标有差异时，执行动作，以减少或消除误差。比如，当室内温度高于设定温度时，开启空调，达到设定温度时停机。

反馈：将室内的实际温度情况报告给系统。

控制装置：允许用户对系统进行设置，如设定温度、定时开关机、设定风速等。上述实例说明，一个系统由若干元素或子系统组成，各组成部分之间互相作用或影响。其过程为：当用户启动空调系统并设置温度之后，传感器检测室内温度，比较器与设定温度比较；当温度高于设定温度时，执行器发出启动指令，空调开始制冷；通过传感器将室内温度反馈给系统或在显示屏上显示，如此重复。

对于空调一类的物理系统，人与系统之间的交互并不充分，在交互设计中的系统设计方法，应当将用户作为主要组成要素之一，以用户需求为目标，关注用户与场景的关系、用户与物理系统之间的交互行为，需要考虑的主要问题有：

系统由哪些元素组成？

用户对系统如何控制？

系统的外部环境如何？

环境对目标有哪些影响？

环境对用户与物理系统的交互行为有何影响？

系统如何达到和判断是否达到目标？

方法四：天才设计。

对于天才设计（Genius Design，GD），Dan Saffer 的解释是："主要依赖设计师的智慧和经验来做设计决策。设计师以自己卓越的判断力来确定用户的需求，然后基于这样的判断设计产品"。天才设计与其说是一种设计方法，不如说是一种设计理念。这种理念依赖的是个人的智慧和才干，突出的是设计师的价值，取胜的是出其不意的创意。天才设计的价值在于以下几个方面：

（1）对于富有经验的设计师来说是一种快速的个人工作方式，最终设计能充分体现设计师的意图。

（2）是一种最具柔性的设计方式，允许设计师钟情于自认为合适的设计。由于不受 UCD、ACD 以及系统设计那样的诸多约束，给设计师更自由的发挥空间。

（3）天才设计没有用户研究环节，或者一定要做用户研究，采取这种设计思想可能出于不同的目的，主要有以下情况：

出于自信。坚信自身的实力或品牌的号召力，哪怕是最终的产品有瑕疵也会被用户容忍。

受资源或条件的限制。譬如，有些设计师工作的机构不提供研究资金和计划，或者设计师的设计不被公司青睐，迫使设计师只好离开去做自己的设计。

出于保密或营销策略。在产品出笼之前，不透露任何消息，完全在团队或公司内进行，不需要任何用户参与，让用户充满期待。这种情况一般仅适用于知名度大的公司，且已有成功的产品为基础。如从 iPhone 的第 1 代、第 2 代、第 3 代到 iPhone4，再到 iPhone5，每一次升级产品推出之前，从性能到时间无不充满悬念，无不吊足"粉丝"的胃口。

2）以用户为中心的设计方法

在前述介绍的 UCD、ACD、SD 和 GD 四种方法中，得到认可和应用比较广泛的是 UCD 方法，UCD 主要应用领域是与人机交互系统相关的产品。

（1）以用户为中心设计的 4 个特征。

采用以用户为中心的方法应具备如下特征：

① 用户的积极参与和设计者对用户及其任务要求的清楚了解。用户参与的性质根据所承担设计活动的不同而异，开发定制产品时，用户可直接参与开发过程，并可对设计方案进行评价。开发通用产品或消费品时，有必要让用户或适当的代表参与，对提交的设计方案进行测试，提供反馈信息。

② 在用户和系统之间适当分配功能。设计时应指明由用户完成和由系统完成的功能。用户代表参与决策，根据许多因素，例如可靠性、速度、准确性、力量、反应的灵活性、资金成本、成功或及时完成任务的重要性、用户的健康等方面的相对能力和局限性，确定制定的工作、任务、功能或职责被自动执行或人工执行的程度。

③ 反复设计方案。对初始的设计方案按"现实世界"设定场景进行测试，并将结果反馈到逐步完善的解决方案中。

④ 多学科设计。将多学科的小组纳入以人为中心的设计过程之中，小组可以是小规模的和动态的，并且存在于项目的执行过程中。组成员的角色可包括以下几个：

最终用户；

购买者用户的管理者；

应用领域专家和业务分析人员；

系统分析员、系统工程师和程序员；

市场营销人员；

用户界面设计人员和平面设计师；

人类工效学专家和人机交互专家；

技术文档编写人员、培训人员和支持人员。

（2）以用户为中心设计的 4 个过程。

以用户为中心设计项目活动的 4 个基本过程如下：

① 用户需求采集：了解并规定使用背景。

② 需求细则：规定和组织要求。

③ 设计：提出设计方案，制作原型。

④ 评价：根据用户的评价准则评价设计。

4 个过程的关系如图 4-94 所示。

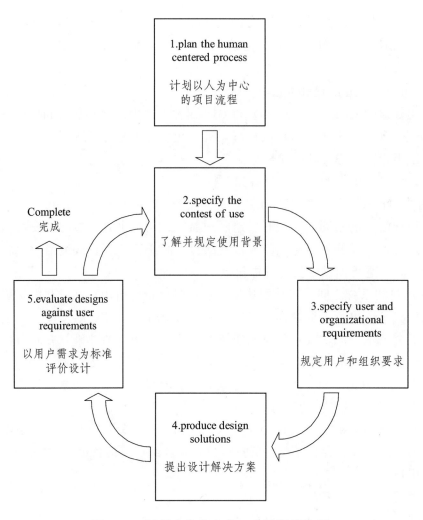

图 4-94　以用户为中心的 4 个过程的关系

3）以目标为导向的设计方法

以目标为导向的设计（Caoal-Directed Design, GDD）方法是 VB 之父 Cooper（库珀）提出的交互设计方法。在《交互设计之路让高科技回归人性》以及《About Face3.0 交互设计精髓》书中对 CDD 方法进行了详尽的论述，本节只是介绍其要点。

（1）以目标为导向的重要性。

爱尔兰喜剧大师萧伯纳说："人生的真正欢乐是致力于一个自己认为是伟大的目标"。有了目标就有了人生的方向，产生了前行的动力，带来了奋斗的快乐。反之，如果一个人缺失了目标，就会迷失方向，就会无所事事。

人生如此，设计也是如此。UCD 目标是以人为中心，ACD 的目标是以活动为焦点，然而以人为中心的设计也好，以活动为中心的设计也好，甚至是以任务为中心的设计也好，都可以用"满足用户目标"为宗旨来诠释，只不过以目标为导向的设计的提法更为直接而已。因而交互设计中的许多方法，其本质上并没有多大差别，途径不同，策略各异，殊途同归。

（2）目标导向设计过程。

Cooper 将目标导向的设计过程分为 6 个阶段，如图 4-95 所示。

图 4-95　以目标为导向设计的 6 个过程

（3）目标导向设计的重要内容。

① 确定人物关系。任务角色是用户的具体化，具有目标群体的真实特征，是基于真实用户的综合原型，代表了设计者关注的真正用户。

② 确立目标。确立目标是为了将设计焦点集中在关键问题的解决，始终以用户目标作为设计方向。

③ 建立场景。场景是对角色如何使用产品达到自己目标的简明描述，是从初期调研阶段收集的信息中建立起来的。对于产品交互来说，其中重要的两类场景是日常场景和必要场景。

4）卡片分类法

卡片分类法（Card Sorting）是 UCD 中最常用的方法之一，是采用卡片形式对信息进行分类的一种技术和工具，主要用于交互设计中的信息架构（Information Architecture），其目的是通过对信息进行合理的组织，以便于用户能够方便快捷地获得所需信息。

卡片分类是按事物的性质划分类别，将具有相同性质的事物排列在一起，或放在一个特定的区域之中。设想一下，如果图书馆的书没有分类会怎么样？如果网络的搜索没有分类会怎么样？从服务者一方来说，分类是为了便于管理；从使用者一方来说，分类提供了到达目的地的捷径。对于信息产品来说，有时候用户找不到自己需要的操作选项均与不合理分类有关。

5）创新设计方法

创新设计是交互设计中重要的设计方法之一。从设计的视角来说，不仅是需要树立一种批判性思维的创新设计的理念，而且也需要了解和掌握使用的创新设计方法。

创新设计主要指充分发挥设计者的创造力，利用人类已有的相关科技成果进行创新构思，设计出具有科学性、创造性、新颖性及使用性的一种实践活动。

（1）创新的类型。

根据创新的原理，创新的类型可分为综合创新、组合创新、移植创新、还原创新和逆反创新。

（2）创新设计的要素与方法。

创新设计要素包括人的知识、技术和方法3个方面，其中人是创新的主体。

常用的创新方法有：

头脑风暴；

分析举例；

联想类化；

组合创新和综合提升等。

4.7.2　工　具

界面设计工具包括界面原型编辑器和页面逻辑流编辑器，界面原型编辑器主要是UI设计，页面逻辑流编辑器主要是交互设计。

1. 元　素

界面原型编辑器形式包含许多HTML元素，目前有布局、表单、表格、树、工具条和图表这几类元素，这几类元素已经可以满足大部分页面的原型设计：

布局：包含选项卡布局（Tab Layout）、锚点布局（Anchor Layout）、表格布局（Grid Layout）、盒布局（Border Layout）和卡片布局（Card Layout）等页面中的常用布局。

表单：包含表单、标签、多选框、单选框、输入框、数字输入框、日期框、下拉列表、文本域等页面常用HTML构件。

表格：包含普通表格、可编辑表格、表格列和可编辑表格列等页面常用表格构件。

树：包含普通树、表格树和可编辑表格树等页面常用的树构件。

图表：包含柱状图、饼图、折线图和面积图等页面常用图表构件。

工具条：包含工具按钮、进度条、默认按钮等页面常用构件。

页面逻辑流编辑器元素主要有连线、基本节点、判断和循环这几类元素：

连线：包含连接元素和调用元素，连接元素主要用于创建两个节点间的连线，调用元素主要用于连接回调函数。

基本节点：包含开始、结束、赋值、构件、逻辑流、自定义和空节点这些元素。

判断：包含判断、判断连线和默认连线。

循环：包含循环、结束循环和终止连线。

2. 向　导

1）快速创建表单

可以通过拖拽实体文件到表单来快速创建表单输入框，编辑器生成实体的内容创建对应的输入框，如图4-96所示。

图 4-96　快速创建表单

2）快速创建表格列

可以通过拖拽实体文件到表格快速创建表格列，编辑器生成实体的内容创建对应的表格列，如图 4-97 所示。

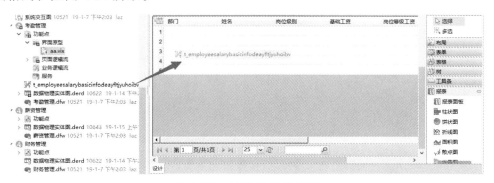

图 4-97　快速创建表格列

3. 编辑器

原型设计编辑器，有许多 HTML 元素可供使用，能够支撑设计大部分界面，并让相关人员对设计进行体验和验证。通过此编辑器设计的原型，可以自动导出生成开发所需要的界面，提升开发人员的界面开发效率。编辑器界面如图 4-98 所示。

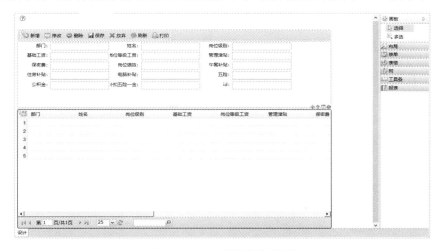

图 4-98　原型设计编辑器

页面逻辑流编辑器能让设计者快速地进行页面的交互设计。例如，点击一个按钮跳转至另一个页面，可以在构件库中拖拽对应的页面逻辑流构件并将它们进行正确的连线，然后在原型编辑器中选择需要此交互的按钮，单击"事件"并关联此页面逻辑流。页面逻辑流也可以自动导出生成开发所需的页面逻辑流，提升开发人员的开发效率。编辑器整体和构件库如图 4-99 所示。

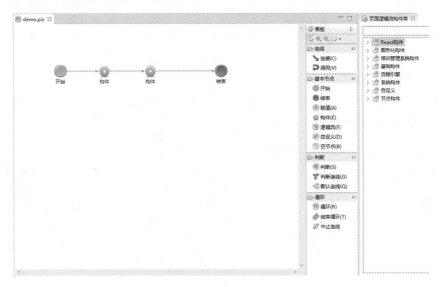

图 4-99 页面逻辑流编辑器

4. 操 作

进行页面设计时，该工具包含的关键步骤有新建界面原型文件、布局、拖拽创建元素、快速创建表单输入框和表格列、新建页面逻辑流、配置页面逻辑流、绑定事件等。

1）新建界面原型文件

在界面原型文件夹右键选择"新建界面原型"，如图 4-100 所示。

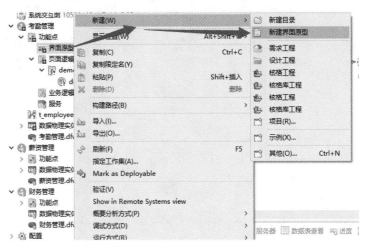

图 4-100 新建界面原型

在弹窗中输入页面名称，点击完成按钮，页面创建成功，如图 4-101 所示。

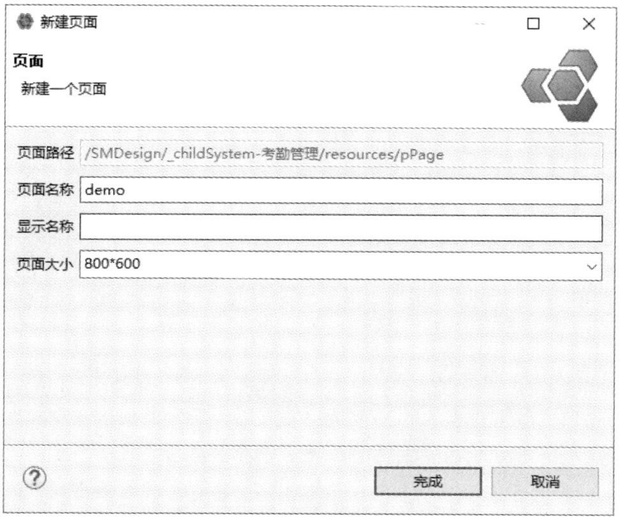

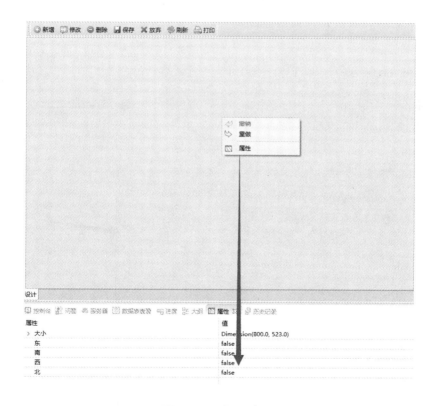

图 4-101　输入页面名称

2）布局

在编辑器中可以拖拽布局元素到面板中来创建布局，也可以在编辑器面板右键选择"属性"，在属性中设置北为"true"，如图 4-102 所示。

图 4-102　设置布局

效果如图 4-103 所示。

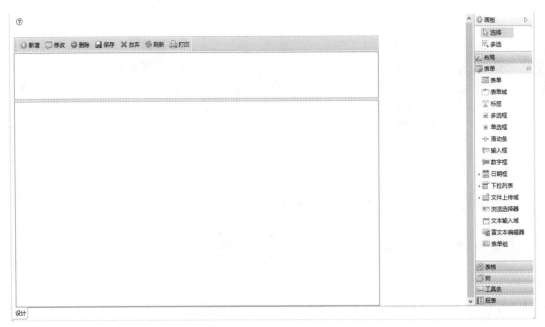

图 4-103　布局效果

3）拖拽创建元素

拖拽一个表单和表格元素到对应位置，如图 4-104 所示。

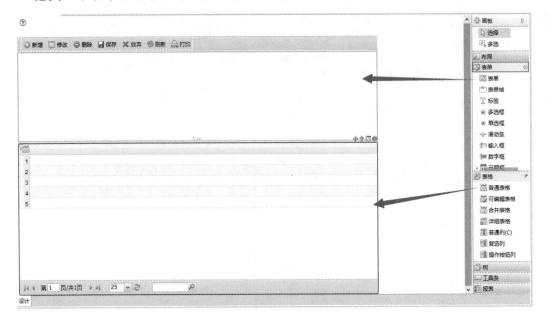

图 4-104　拖拽创建元素

4）快速创建表单输入框和表格列

拖拽实体文件快速创建表单输入框和表格列，如图 4-105、图 4-106 所示。

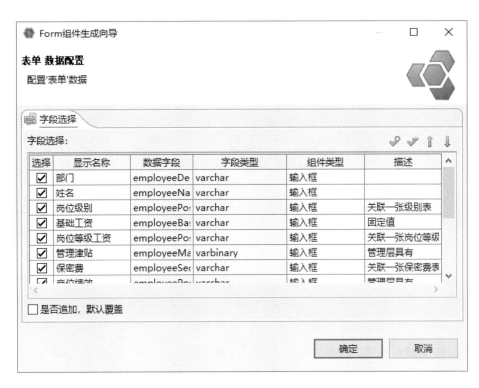

图 4-105　创建表单输入框

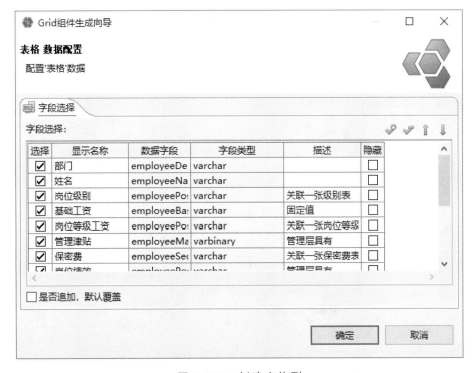

图 4-106　创建表格列

页面设计效果如图 4-107 所示。

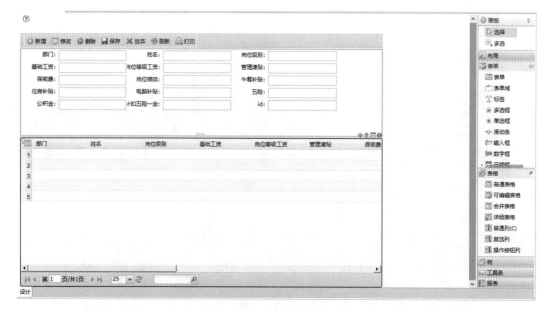

图 4-107　页面效果

5）新建页面逻辑流

在页面逻辑流文件夹右键选择"新建"→"页面逻辑"，如图 4-108 所示。

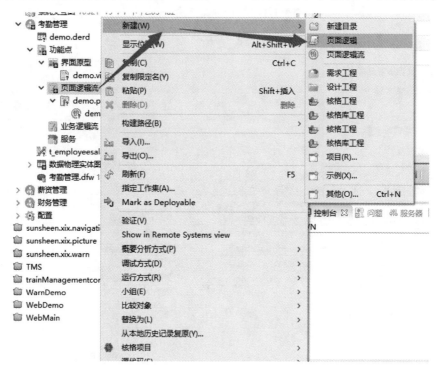

图 4-108　新建页面逻辑

在弹窗中输入页面逻辑名称，点击"完成"按钮，页面逻辑流页面创建成功（会默认创建一个页面逻辑流），如图 4-109、图 4-110 所示。

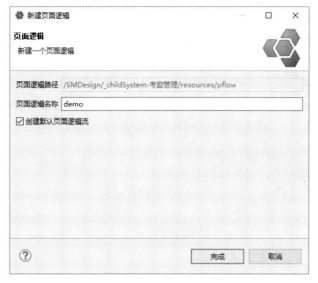

图 4-109　输入页面逻辑名称　　　　　图 4-110　创建成功图例

如果还需要创建新的页面逻辑流，则在业务逻辑右键单击"新建"，选择业务逻辑流创建即可。

6）配置页面逻辑流

我们可以从构件库中拖拽相应的页面逻辑流构件到新创建的页面逻辑流中，例如，这里想重置表单，在构件库中搜索"reset"，然后拖拽到编辑器中并用连线连好节点即可，如图 4-111 所示。

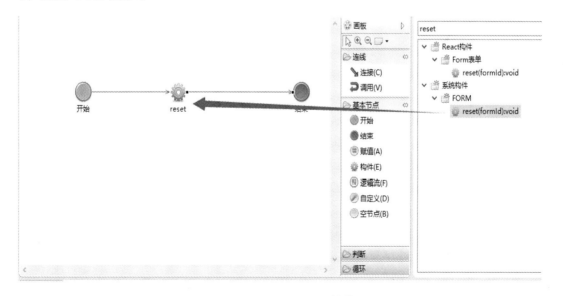

图 4-111　配置页面逻辑流

7）绑定事件

在原型界面编辑器中选择需要绑定此事件的构件，如页面中的按钮，双击构件并在弹窗中选择"事件设置"，再点击"…"按钮选择刚才创建的页面逻辑流，再点击"确定"即完成事件的绑定，如图 4-112 所示。

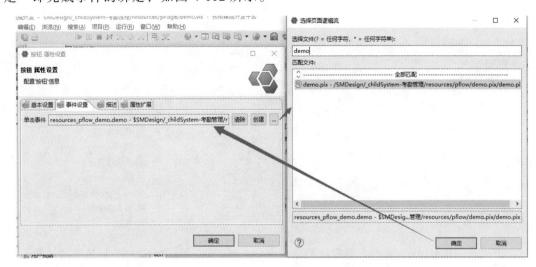

图 4-112　选择事件

最终页面设计效果如图 4-113 所示。

图 4-113　页面完成效果

4.7.3　案例分析

在前面，我们对界面设计相关方法进行了描述，接下来结合一个案例，来对界面设计进行分析。

在薪资管理系统中，提交考勤修改申请关键原型和用例脚本如图 4-114、图 4-115
所示。

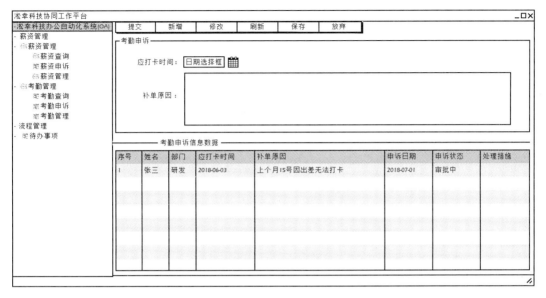

图 4-114　考勤修改申请原型

	A	B	C	D
0	系统用例名称		考勤申诉	
1	页面名称		[PP]_提交考勤修改申请	
2	用例描述		员工若对薪资有异议,可以进行提交薪资修改申请	
3	执行角色		员工,计算机	
4	前置条件		3d448990-eeaf-4767-98c4-8cd8ce989f60	
5	后置条件			
6	主事件流:			
7	用户视图 (View)		业务逻辑 (Busi)	数据实体 (Entity)
8	1.填写信息,点击提交按钮			
9	submitAttdenceApply			
10			submitAttdenceApplyBusi	
11				ATTDENCEAPPLYENTITY_考勤修改申请表
12	备选说明		无	
13	处理过程		无	
14	异常原因		无	
15	处理方式		无	

图 4-115　考勤修改申请用例脚本

1. 界面设计

首先，分析图中原型，可以看出左边的树应该是每个页面中都存在的，故这个树
是在主页中开发，我们应关注原型中树右边的部分。

其次，分析页面布局可知，页面最上面是一排按钮，中间是表单，最下面是表格，所以我们应先划分好页面的布局，如图 4-116 所示。

图 4-116　划分布局

最后，分析需要哪些页面元素，如此案例中所需元素有按钮、表单、日期框、文本域、表格和表格列，我们按照原型图分别在编辑器中创建这些元素，如图 4-117 所示。

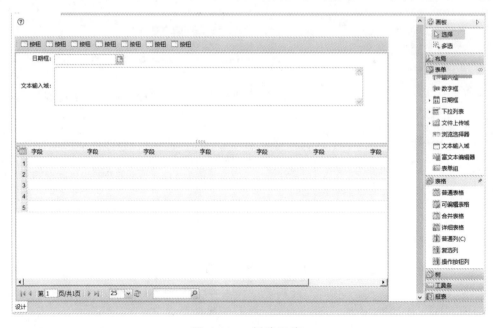

图 4-117　创建元素

大概内容和位置已经有了，接下来按照原型分别设置构件的属性，使效果看起来和原型效果一致，如图 4-118 所示。

图 4-118　配置元素属性

2. 交互设计

首先，分析以上用例脚本，我们可以看到一个交互流程，即点击提交按钮，将填写的表单信息提交。

其次，我们可以分析业务得到此页面逻辑流中会有以下几个步骤：

（1）验证表单输入是否合法。

（2）获取表单信息。

（3）将表单信息保存到数据库。

（4）保存成功后重置表单。

（5）刷新表格信息。

然后，通过以上分析可以得到页面逻辑流，如图 4-119 所示。

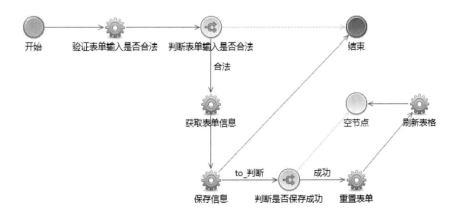

图 4-119　提交页面逻辑流

最后，在设计的页面中提交按钮单击事件绑定此页面逻辑流即可。

4.8 数据库设计

4.8.1 关系型数据库

关系数据库是建立在关系模型基础上的数据库，借助于集合代数等概念和方法来处理数据库中的数据。该数据库同时也是一个被组织成一组拥有正式描述性的表格，该形式的表格作用的实质是装载着数据项的特殊收集体，这些表格中的数据能以许多不同的方式被存取或重新召集，而不需要重新组织数据库表格。

关系数据库的定义构造了元数据的一张表格或对表格、列、范围和约束进行了描述。每个表格（有时被称为一个关系）包含用列表示的一个或更多的数据种类。每行包含一个唯一的数据实体，这些数据是被列定义的种类。

当创造一个关系数据库的时候，用户能定义数据列的可能值范围和可能应用于哪个数据值的进一步约束。而 SQL 语言是标准用户和应用程序到关系数据库的接口，其优势是容易扩充，且在最初的数据库创造之后，一个新的数据种类能被添加而不需要修改所有的现有应用软件。

目前关系数据库是数据库应用的主流，许多数据库管理系统的数据模型都是基于关系数据模型开发的，主流的关系数据库有 Oracle、dBase、SQL Server、Sybase、Mysql 等。我们在一个给定的应用领域中，所有实体及实体之间联系的集合构成一个关系数据库。在这里需要提两个概念，即关系数据库的型与值：关系数据库的型，称为关系数据库模式，是对关系数据库的描述以及若干域的定义，并在这些域上定义的若干关系模式；关系数据库的值，是这些关系模式在某一时刻对应的关系的集合，通常简称为关系数据库。

关系数据库分为两类：一类是桌面数据库，例如 Access、FoxPro 和 dBase 等；另一类是客户/服务器数据库，例如 SQL Server、Oracle 和 Sybase 等。一般而言，桌面数据库用于小型的、单机的应用程序，它不需要网络和服务器，实现起来比较方便，但它只提供数据的存取功能。客户/服务器数据库主要适用于大型的、多用户的数据库管理系统，应用程序包括两部分：一部分驻留在客户机上，用于向用户显示信息及实现与用户的交互；另一部分驻留在服务器中，主要用来实现对数据库的操作和对数据的计算处理。

1. 关系数据库的层次结构

关系数据库的层次结构可以分为四级：数据库（Database）、表（Table）与视图（View）、记录（Record）和字段（Field），相应的关系理论中的术语是数据库、关系、元组和属性。下面分别对这四种层次结构一一介绍。

1）数据库

关系数据库可按其数据存储方式以及用户访问的方式而分为本地数据库和远程数据库两种类型。

（1）本地数据库。本地数据库驻留在本机驱动器或局域网中，如果多个用户并发访问数据库，则采取基于文件的锁定（防止冲突）策略，因此，本地数据库又称为基于文件的数据库。典型的本地数据库有 Paradox、dBase、FoxPro 以及 Access 等。基于本地数据库的应用程序称为单层应用程序，因为数据库和应用程序同处于一个文件系统中，如图 4-120 所示。

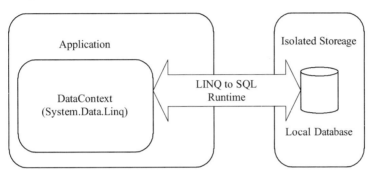

图 4-120　本地数据库

（2）远程数据库。远程数据库通常驻留于其他机器中，用户通过结构化查询语言 SQL 来访问远程数据库中的数据，因此，远程数据库又称为 SQL 服务器。有时，来自远程数据库的数据并不驻留于一个机器而是分布在不同的服务器上。典型的 SQL 服务器有 InterBase、Oracle、Sybase、Informix、SQL Server，以及 IBMDB2 等。基于 SQL 服务器的应用程序称为两层或多层应用程序，因为数据库和应用程序驻留在彼此不依赖的系统（层）中，如图 4-121 所示。

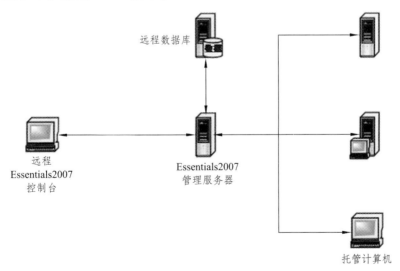

图 4-121　远程数据库

本地数据库与 SQL 服务器相比较，前者访问速度快，但后者的数据存储容量要大得多，且适合多个用户并发访问。究竟使用本地数据库还是 SQL 服务器，取决于多方面因素，如要存储和处理的数据多少，并发访问数据库的用户个数，对数据库的性能要求等。

2）表

关系数据库的基本成分是一些存放数据的表（关系理论中称为关系）。数据库中的表从逻辑结构上看相当简单，它是由若干行和列简单交叉形成的，不能表中套表。它要求表中每个单元都只包含一个数据，可以是字符串、数字、货币值、逻辑值、时间等较为简单的数据。一般数据库中无法存储 C++语言中的结构类型、类对象。图像的存储也比较烦琐，甚至很多数据库无法实现图像存储。

对于不同的数据库系统来说，数据库对应物理文件的映射是不同的。例如，在 dBASE、FoxPro、Paradox 数据库中，一个表就是一个文件，索引以及其他一些数据库元素也都存储在各自的文件中，这些文件通常位于同一个目录中。而在 Access 数据库中，所有的表以及其他成分都存储在一个文件中。

3）视图

为了方便地使用数据库，很多 DBMS（数据库管理系统）都提供了对视图（Access 中称为查询）结构的支持。视图是根据某种条件从一个或多个基表（实际存放数据的表）或其他视图中导出的表，数据库中只存放其定义，而数据仍存放在作为数据源的基表中。故当基表中数据有所变化时，视图中看到的数据也随之变化。

为什么要定义视图呢？首先，用户在视图中看到的是按自身需求提取的数据，使用方便。其次，当用户有了新的需求时，只需定义相应的视图（增加外模式）而不必修改现有应用程序，这既扩展了应用范围，又提供了一定的逻辑独立性。最后，一般来说，用户看到的数据只是全部数据中的一部分，这也为系统提供了一定的安全保护。

4）记录

表中的一行称为一个记录。一个记录的内容是描述一类事物中的一个具体事物的一组数据，如一个雇员的编号、姓名、工资数目，一次商品交易过程中的订单编号、商品名称、客户名称、单价、数量等。一般地，一个记录由多个数据项（字段）构成，记录中的字段结构由表的标题（关系模式）决定。

记录的集合（元组集合）称为表的内容，表的行数称为表的基数。值得注意的是，表名以及表的标题是相对固定的，而表中记录的数量和多少则是经常变化的。

5）字段

表中的一列称为一个字段。每个字段表示表中所描述的对象的一个属性，如产品名称、单价、订购量等。每个字段都有相应的描述信息，如字段名、数据类型、数据宽度、数值型数据的小数位数等。由于每个字段都包含了数据类型相同的一批数据，因此字段名相当于一种多值变量。字段是数据库操纵的最小单位。

表定义的过程就是指定每个字段的字段名、数据类型及宽度（占用的字节数）。表中每个字段都只接受所定义的数据类型。图 4-122 表示的是商铺、市场、品牌及商品的关系图，其中每列就表示该实体的一个属性，或者说一个字段。

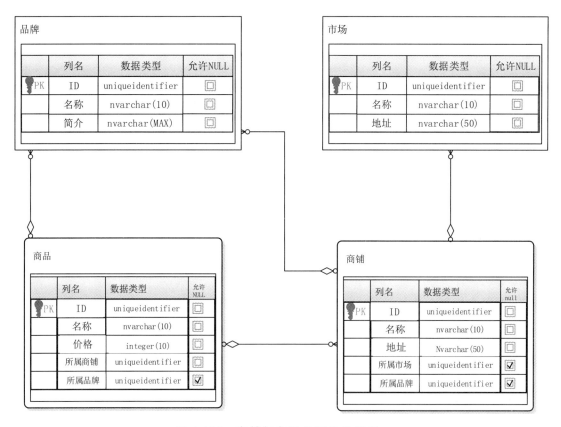

图 4-122　商铺与市场关系的关系图

2. 关系数据形式化定义及约束

1）关系

关系模型的数据结构就是关系，直观来看就是一张二维表。关系模型的数据结构虽然简单却能表达丰富的语义，描述出了现实世界的实体以及实体间的各种联系。下面我们将从集合论的角度给出关系的形式化定义。

（1）域（Domain）。

域是一组具有相同数据类型的值的集合。

例如，整数、实数、介于某个取值范围的整数，指定长度的字符串集合，{ '男'，'女'}，介于某个取值范围的日期等，都可以称为域。

（2）笛卡尔积（Cartesian Product）。

笛卡尔积是域上的一种集合运算。给定一组域 $D_1, D_2, \cdots, D_n$，这些域中可以有相同的，$D_1, D_2, \cdots, D_n$ 的笛卡尔积为

$$D_1 \times D_2 \times \cdots \times D_n = \{(d_1, d_2, \cdots, d_n) | di \in Di, i=1, 2, \cdots, n\}$$

即所有域的所有取值的一个组合，不能重复。笛卡尔积中每一个元素（d_1, d_2, …, d_n）叫作一个 n 元组（n-tuple），简称元组（tuple）。笛卡尔积元素（d_1, d_2, …, d_n）中的每一个值 d_i 叫作一个分量。

一个域允许的不同取值个数称为这个域的基数（Cardinal Number）。

笛卡尔积可表示为一个二维表。表中的每行对应一个元组，表中的每列对应一个域。例如我们给出三个域：

D_1=SUPERVISOR={张清玫，刘逸}

D_2=SPECIALITY={计算机专业，信息专业}

D_3=POSTGRADUATE={李勇，刘晨，王敏}

则 D_1, D_2, D_3 的笛卡尔积为

$D_1 \times D_2 \times D_3$= {（张清玫，计算机专业，李勇），（张清玫，计算机专业，刘晨），

（张清玫，计算机专业，王敏），（张清玫，信息专业，李勇），

（张清玫，信息专业，刘晨），（张清玫，信息专业，王敏），

（刘逸，计算机专业，李勇），（刘逸，计算机专业，刘晨），

（刘逸，计算机专业，王敏），（刘逸，信息专业，李勇），

（刘逸，信息专业，刘晨），（刘逸，信息专业，王敏）}

其中，（张清玫，计算机专业，李勇）、（张清玫，计算机专业，刘晨）等都称为元祖。张清玫、计算机专业、李勇等都是分量。

（3）关系（Relation）。

$D_1 \times D_2 \times \cdots \times D_n$ 的子集叫作在域 D_1, D_2, …, D_n 上的关系，表示为 $R(D_1, D_2, …, D_n)$，其中 R 表示关系名，n 表示关系的目或度（Degree）。

在这里需要注意，关系是笛卡尔积的有限子集，无限关系在数据库系统中是无意义的。笛卡尔积不满足交换律，即

$(d_1, d_2, …, d_n) \neq (d_2, d_1, …, d_n)$

但关系满足交换律，即

$(d_1, d_2, …, d_i, d_j, …, d_n) = (d_1, d_2, …, d_j, d_i, …, d_n)$（$i, j$ = 1, 2, …, n）

解决方法就是为关系的每个列附加一个属性名以取消关系元组的有序性。

在这里需要提几个概念：

① 元组。

关系中的每个元素是关系中的元组，通常用 t 表示。

② 单元关系与二元关系。

当 n=1 时，称该关系为单元关系（Unary Relation）。

当 n=2 时，称该关系为二元关系（Binary Relation）。

③ 属性。

关系中不同列可以对应相同的域，为了加以区分，必须给每列起一个名字，称为属性（Attribute）。n 目关系必有 n 个属性。

④ 码。

若关系中的某一属性组的值能唯一地标识一个元组，则称该属性组为候选码。

在最简单的情况下，候选码只包含一个属性。称为单码（Single Key）。

在最极端的情况下，关系模式的所有属性组是这个关系模式的候选码，称为全码（All-key）。

若一个关系有多个候选码，则选定其中一个为主码（Primary key）。

关系中，候选码的属性称为主属性（Prime Attribute），不包含在任何候选码中的属性称为非码属性（Non-key Attribute）。

⑤ 三类关系。

基本关系（基本表或基表）：实际存在的表，是实际存储数据的逻辑表示。

查询表：查询结果对应的表。

视图表：由基本表或其他视图表导出的表，是虚表，不对应实际存储的数据。

2）关系完整性约束

关系完整性约束是为保证数据库中数据的正确性和相容性，对关系模型提出的某种约束条件或规则。完整性通常包括域完整性、实体完整性、参照完整性和用户定义完整性，其中域完整性、实体完整性和参照完整性是关系模型必须满足的完整性约束条件。

（1）域完整性。

域完整性（Domain Integrity）是为了保证数据库字段取值的合理性。

属性值应是域中的值，这是关系模式规定了的。除此之外，一个属性能否为 NULL，这是由语义决定的，也是域完整性约束的主要内容。域完整性约束（Domain Integrity Constrains）是最简单、最基本的约束。在当今的关系 DBMS 中，一般都有域完整性约束检查功能，包括检查（Check）、默认值（Default）、不为空（Not Null）、外键（Foreign Key）等约束。

（2）实体完整性。

实体完整性（Entity Integrity）是指关系的主关键字不能重复也不能取"空值"。

一个关系对应现实世界中一个实体集。现实世界中的实体是可以相互区分、识别的，也即它们应具有某种唯一性标识。在关系模式中，以主关键字作为唯一性标识，而主关键字中的属性（称为主属性）不能取空值，否则表明关系模式中存在着不可标识的实体（因为空值是"不确定"的），这与现实世界的实际情况相矛盾，这样的实体就不是一个完整实体。按实体完整性规则要求，主属性不得取空值，如主关键字是多个属性的组合，则所有主属性均不得取空值。

（3）参照完整性。

参照完整性（Referential Integrity）是定义建立关系之间联系的主关键字与外部关键字引用的约束条件。

关系数据库中通常都包含多个存在相互联系的关系，关系与关系之间的联系是通过公共属性来实现的。所谓公共属性，它是一个关系 R（称为被参照关系或目标关系）

的主关键字，同时又是另一个关系 K（称为参照关系）的外部关键字。如果参照关系 K 中外部关键字的取值，要么与被参照关系 R 中某元组主关键字的值相同，要么取空值，那么在这两个关系间建立关联的主关键字和外部关键字引用，符合参照完整性规则要求。如果参照关系 K 的外部关键字也是其主关键字，根据实体完整性要求，主关键字不得取空值，因此，参照关系 K 外部关键字的取值实际上只能取相应被参照关系 R 中已经存在的主关键字值。

在学生管理数据库中，如果将选课表作为参照关系，学生表作为被参照关系，以"学号"作为两个关系进行关联的属性，则"学号"是学生关系的主关键字，还是选课关系的外部关键字。选课关系通过外部关键字"学号"参照学生关系。

（4）用户定义完整性。

实体完整性和参照完整性适用于任何关系型数据库系统，它主要是针对关系的主关键字和外部关键字取值必须有效而做出的约束。用户定义完整性（User Defined Integrity）则是根据应用环境的要求和实际的需要，对某一具体应用所涉及的数据提出约束性条件。这一约束机制一般不应由应用程序提供，而应有由关系模型提供定义并检验，用户定义完整性主要包括字段有效性约束和记录有效性约束。

3. 数据模型

数据模型由数据结构、数据操作和数据的约束条件三部分组成。

数据结构：数据库规定了如何把基本的数据项组织成较大的数据单位，以描述数据的类型、内容、性质和数据之间的相互关系。

数据操作：数据操作是指一组用于指定数据结构的任何有效的操作或推导规则。数据库中主要的操作有查询和更新（插入、删除、修改）两大类。

数据的约束条件：数据的约束条件是一组完整性规则的集合，它定义了给定数据模型中数据及其联系所具有的制约和依存规则，用以限定相容的数据库状态的集合和可允许的状态改变，以保证数据库中数据的正确性、有效性和相容性。

1）三个世界的划分

数据的加工是一个逐步转化的过程，经历了现实世界、信息世界和计算机世界这三个不同的世界，经历了两级抽象和转换，如图 4-123 所示。

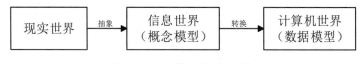

图 4-123　数据转换过程

（1）现实世界。

现实世界是指客观存在的事物及其相互间的联系。现实世界中的事物有着众多的特征和千丝万缕的联系，但人们只选择感兴趣的一部分来描述，如学生，在学校管理系统中通常用学号、姓名、班级、成绩等特征来描述和区分，而对身高、体重、长相不太关心；而如果对象是演员，则可能正好截然相反。事物可以是具体的、可见的实物，也可以是抽象的事物。

（2）信息世界。

信息世界是人们把现实世界的信息和联系，通过"符号"记录下来，然后用规范化的数据库定义语言来定义描述而构成的一个抽象世界。信息世界实际上是对现实世界的一种抽象描述。在信息世界中，不是简单地对现实世界进行符号化，而是要通过筛选、归纳、总结、命名等抽象过程产生出概念模型，用以表示对现实世界的抽象与描述。

（3）计算机世界。

计算机世界是将信息世界的内容数据化后的产物，将信息世界中的概念模型进一步转换成数据模型，形成便于计算机处理的数据表现形式。

2）非关系模型

数据库的类型是根据数据模型来划分的，而任何一个 DBMS 也是根据数据模型有针对性地设计出来的，这就意味着必须把数据库组织成符合 DBMS 规定的数据模型。目前成熟地应用在数据库系统中的数据模型有层次模型、网状模型和关系模型。它们之间的根本区别在于数据之间联系的表示方式不同（即记录型之间的联系方式不同）。层次模型以"树结构"表示数据之间的联系；网状模型是以"图结构"来表示数据之间的联系；关系模型是用"二维表"（或关系）来表示数据之间的联系的。

（1）层次模型。

层次模型的结构：层次模型是按照层次结构的形式来组织数据库中的数据，即用树（Tree）形结构表示实体以及实体之间的联系。

层次模型的特点：层次模型是数据库系统最早使用的一种模型，它的数据结构是一棵"有向树"。根节点在最上端，层次最高，子节点在下，逐层排列。层次模型的特征是：有且仅有一个节点没有父节点，它就是根节点；其他节点有且仅有一个父节点。

图 4-124 所示为一个系教务管理层次数据模型，图（a）所示的是实体之间的联系，图（b）所示的是实体型之间的联系。

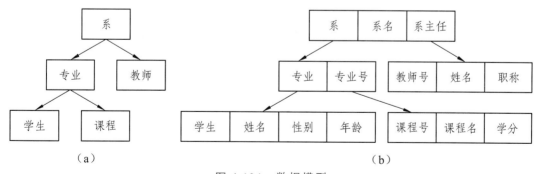

（a）　　　　　　　　　　　　　（b）

图 4-124　数据模型

最有影响的层次模型 DBS（数据库系统）是 20 世纪 60 年代末由 IBM 公司推出的 IMS 层次模型数据库系统。

（2）网状模型。

网状模型的结构：网状模型是一种比层次模型更具有普遍性的模型，即用图（Graph）形结构表示实体以及实体之间的联系。它允许多个节点没有双亲节点，也允许节点有多个双亲节点，还允许两个节点之间有多种联系（称为复合联系）。网状模型可以反映实体间存在的更为复杂的联系，而层次结构可视为网状结构的一个特例。

网状模型的特点：网状模型以网状结构表示实体与实体之间的联系。网中的每一个节点代表一个记录类型，联系用链接指针来实现。网状模型可以表示多个从属关系的联系，也可以表示数据间的交叉关系，即数据间的横向关系与纵向关系，它是层次模型的扩展。网状模型可以方便地表示各种类型的联系，但结构复杂，实现的算法难以规范化。其特征是：允许节点有多于一个父节点，可以有一个以上的节点没有父节点。图 4-125 所示为一个系教务管理网状数据模型。

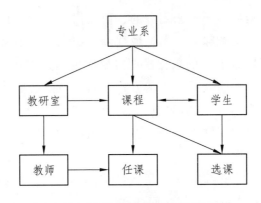

图 4-125 系教务管理网状数据模型

3）关系模型

关系模型（Relational Model）是 1970 年首先由 IBM 公司的 E·F·Codd 提出的。关系模型是用二维表描述实体以及实体之间的联系。在关系模型中把二维表称为关系，表中的列称为属性，列中的值取自相应的域（Domain），域是属性所有可能取值的集合。表中的一行称为一个元组（Tuple），元组用关键字（Keyword）标识。

关系：一系列值之间的联系就叫作关系。

关系集合：一系列相同关系组成的集合就叫作关系集合。

关系数据库：由一组关系集合（表）组成的集合。

关系查询语言：操作关系获取信息的语言，例如 SQL 就是其中一种实现。而在数学的角度，关系可以被理解成一系列域上的笛卡尔子集，当然这种理解在研究纯理论的时候比较看重现实世界的实体以及实体间的各种联系均用关系来表示。从用户角度看，关系模型中数据的逻辑结构是一张二维表。

简单来说，关系模型指的就是二维表格模型，而一个关系型数据库就是由二维表及其之间的联系所组成的一个数据组织。关系模型以二维表结构来表示实体与实体之间的联系，它是以关系数学理论为基础的。关系模型的数据结构是一个"二维表框架"

组成的集合，每个二维表又可称为关系。在关系模型中，操作的对象和结果都是二维表。关系模型是目前最流行的数据库模型。支持关系模型的数据库管理系统称为关系数据库管理系统，Access 就是一种关系数据库管理系统。表 4-9、表 4-10、表 4-11、表 4-12 所示为一个简单的关系模型，其中表 4-9、表 4-10 所示为关系模式，表 4-11、表 4-12 所示为这两个关系模型的关系，关系名称分别为"教师关系"和"课程关系"，每个关系均含 3 个元组，其主码均为"教师编号"。

表 4-9　教师关系框架

教师编号	姓名	性别	所在院名

表 4-10　课程关系框架

课程号	课程名	教师编号	上课教室

表 4-11　教师关系

教师编号	姓名	性别	所在院系名
1992650	张卫国	男	计算机学院
2002001	王新光	男	法学院
1984030	刘晋	女	法学院

表 4-12　课程关系

课程号	课程名	教师编号	上课教室
A0-1	软件工程	1992650	D12　J2103
B1-2	宪法	2002001	D12　J2203
B1-3	民法	1984030	D9　A201

关系模型是 E-R（实体—关系）模型之后的又一模型，而该模型也是现在数据库中运用最广泛的模型，Oracle，DB2 都是基于关系数据库模型的。为关系模型制定查询语言也是非常直截了当的事情，关系模型甚至还给出了一个使 E-R 模型平滑转换到关系模型的方法。这样，关系模型就几乎成了 E-R 模型的一个完整替代品。

关系模型由关系模型的数据结构、关系模型的操作集合和关系模型的完整性规约三部分组成。这三部分也称为关系模型的三要素：

（1）数据结构。关系系统中，表是逻辑结构，而不是物理结构，表是对物理存储结构的一种抽象表示。

（2）操作集合。关系模型按集合进行操作，操作的数据以及操作的结果都是完整的集合（或表）。关系数据库物理层也使用指针，但关系语言的特点是高度非过程化，很多细节对用户来说都是不可见的。

（3）完整性约束，数据的完整性是指保证数据正确性的特征。

4）实体联系模型

实体-联系图（Entity Relationship Diagram，E-R 图），是指提供了表示实体型、属性和联系的方法，用来描述现实世界的概念模型。E-R 方法是"实体-联系方法"（Entity-Relationship Approach）的简称，它是描述现实世界概念结构模型的有效方法。

（1）E-R 模型概念。

E-R 模型是由美籍华裔计算机科学家陈品山（Peter Chen）发明的，是概念数据模型的高层描述所使用的数据模型或模式图，它为表述这种实体联系模式图形式的数据模型提供了图形符号。这种数据模型典型的用在信息系统设计的第一阶段，比如它们在需求分析阶段用来描述信息需求和要存储在数据库中的信息的类型。但是数据建模技术可以用来描述特定论域（感兴趣的区域）的任何本体（对使用的术语和它们联系的概述和分类）。在基于数据库的信息系统设计的情况下，在后面的阶段（通常叫作逻辑设计），概念模型要映射到逻辑模型如关系模型上，它还要在物理设计期间映射到物理模型上。注意，有时这两个阶段被一起称为"物理设计"。

（2）E-R 的基本要素。

通常，使用 E-R 图来建立数据模型。ER 图中包含了实体（即数据对象）、关系和属性等 3 基本成分，通常用矩形框代表实体，用连接相关实体的菱形框表示关系，用椭圆形或圆角矩形表示实体（或关系）的属性，并用直线把实体（或关系）与其属性连接起来。

我们通常就是用实体、联系和属性这 3 个概念来理解现实问题的，因此，E-R 模型比较接近人的习惯思维方式。此外，E-R 模型使用简单的图形符号表达系统分析员对问题域的理解，不熟悉计算机技术的用户也能理解它，因此，ER 模型可以作为用户与分析员之间有效的交流工具。

实体型（Entity）：具有相同属性的实体具有相同的特征和性质，用实体名及其属性名集合来抽象和刻画同类实体；在 E-R 图中用矩形表示，矩形框内写明实体名，比如学生张三、学生李四都是实体。如果是弱实体的话，在矩形外面再套实线矩形。

属性（Attribute）：实体所具有的某一特性，一个实体可由若干个属性来刻画。在 E-R 图中用椭圆形表示，并用无向边将其与相应的实体连接起来，比如学生的姓名、学号、性别都是属性。如果是多值属性的话，在椭圆形外面再套实线椭圆。如果是派生属性则用虚线椭圆表示。

联系（Relationship）：数据对象彼此之间相互连接的方式称为联系，也称为关系。联系可分为以下 3 种类型：

① 一对一联系（1:1）。

例如，一个部门有一个经理，而每个经理只在一个部门任职，部门与经理的联系是一对一的。

② 一对多联系（1:n）

例如，某校教师与课程之间存在一对多的联系，即每位教师可以教多门课程，但是每门课程只能由一位教师来教。

③ 多对多联系（$m:n$）

例如，学生与课程间的联系是多对多的，即一个学生可以学多门课程，而每门课程可以有多个学生来学。联系也可能有属性，例如，学生学某门课程所取得的成绩，既不是学生的属性，也不是课程的属性。由于成绩既依赖于某名特定的学生又依赖于某门特定的课程，所以它是学生与课程之间的联系"学"的属性。

5）E-R 模型和关系模型的关系

因为 E-R 模型的设计比较直观，而直接支持 E-R 模型的商业数据库又很少，更多的是支持关系模型的。所以提供一个比较完善的 E-R 模型和关系模型转换方法是比较重要的。这里强调的是 E-R 模型中的主码怎么转换到关系模型中。

（1）强实体集。实体集的主码成为关系的主码。

（2）弱实体集。依赖的强实体集和弱实体集的分辨符的组合成为关系的主码。

（3）联系集。按照对应情况：

1-1：参与联系的任意一方的主码成为关系的主码。

1-N：参与联系的多方主码成为关系的主码。

N-N：参与联系的各方的主码的组合成为关系的主码。

（4）多值属性：多值属性的主码可以用采用该属性的实体集的主码和属性值组成的码作为关系的主码。

从 E-R 模式中导出的一个关系模式 R_1 可能在其属性中包括另一个模式 R_2 的主码。那么这个属性叫作 R_1 参照 R_2 的外码（Foreign-key）。注意，模式图里面是没有 Foreign-key 的。

4. 关系数据库的优劣

1）关系型数据库的优点

对于关系型数据的优点主要体现在以下几个方面：

（1）容易理解：二维表结构是非常贴近逻辑世界的一个概念，关系模型相对网状、层次等其他模型来说更容易让人理解。

（2）使用方便：通用的 SQL 语言使得操作关系型数据库非常方便。

（3）易于维护：丰富的完整性（实体完整性、参照完整性和用户定义的完整性）大大减低了数据冗余和数据不一致的概率。

2）关系模型的特点

关系模型的基本假定是所有数据都表示为数学上的关系，就是 n 个集合的笛卡儿积的一个子集，有关这种数据的推理通过二值的谓词逻辑来进行，这意味着对每个命题都只有两种可能的求值：要么是真要么是假。数据通过关系演算和关系代数的一种方式来操作。关系模型是采用二维表格结构表达实体类型及实体间联系的数据模型。

关系模型允许设计者通过数据库规范化的提炼，去建立一个信息一致性的模型。访问计划和其他实现与操作细节由 DBMS 引擎来处理，而不应该反映在逻辑模型中，这与 SQL DBMS 普遍的实践是对立的，在 DBMS 中性能调整经常需要改变逻辑模型。

基本的关系建造块是域或者数据类型。元组是属性的有序多重集（Multiset），属性是域和值的有序对。关系变量（Relvar）是域和名字的有序对（序偶）的集合，它充当关系的表头（Header）。关系是元组的集合。尽管这些关系概念是数学上的定义的，它们也可以宽松地映射到传统数据库概念上。表是关系的公认的可视表示；元组类似于行的概念。

关系模型的基本原理是信息原理：所有信息都表示为关系中的数据值。所以，关系变量在设计时是相互无关联的。反而设计者在多个关系变量中使用相同的域，如果一个属性依赖于另一个属性，则通过参照完整性来强制这种依赖性。

3）关系型数据库的缺点

随着互联网技术的发展，尤其是 Web2.0 技术使用，更注重用户和服务器以及用户和用户之间的交互作用，用户既是网站内容的浏览者，也是网站内容的制造者。例如：博客（BLOG）、社交网络服务（SNS）以及微博等。对于在使用 Web2.0 技术并且访问量比较大网站，使用传统关系数据库就会遇到一些问题，主要表现在以下几点：

（1）对数据库高并发读写的需求。

Web 2.0 网站要根据用户个性化信息来实时生成动态页面和提供动态信息，无法使用动态页面静态化技术，因此数据库的并发负载非常高，往往要达到每秒上万次的读写请求，此时服务器上的磁盘根本无法承受如此之多的读写请求。

（2）对海量数据的高效率存储和访问的需求。

对于大型的社交网站，每天用户产生海量的用户动态，随着用户的不断增减，一个数据表中的记录可能有几亿条。对于关系型数据库来说，在一个有上亿条记录的表里面进行 SQL 查询，效率是极其低下的。一些大型 Web 网站的用户登录系统也是如此，如腾讯、163 邮箱都有数亿计的用户账号。

（3）对数据库的高扩展性和高可用性的需求。

在基于 Web 的架构中，数据库是最难进行横向扩展的。当用户量和访问量增加时，数据库没有办法像 Web Server 那样简单地通过添加更多的硬件和服务结点来扩展性能和负载能力，对于很多需要 24 h 不间断服务的网站来说，对数据库系统的升级和扩展往往需要停机维护。

4.8.2 分布式数据库

随着数据量越来越大，关系型数据库开始暴露出一些难以克服的缺点，以 NoSQL 为代表的非关系型数据库快速发展起来，其具有高可扩展性、高并发性等优势，一时间市场上出现了大量的 Key-value 存储系统、文档型数据库等 NoSQL 数据库产品。NoSQL 类型数据库正日渐成为大数据时代下分布式数据库领域的主力。

这种组织数据库的方法克服了物理中心数据库组织的以下弱点：

第一，降低了数据传送代价。因为大多数对数据库的访问操作都是针对局部数据库的，而不是对所有位置的数据库访问。

第二，系统的可靠性提高了很多。因为当网络出现故障时，仍然允许对局部数据库的操作，而且一个位置的故障不影响其他位置的处理工作，只有当访问出现故障位置的数据时，在某种程度上才会受影响。

第三，便于系统的扩充，增加一个新的局部数据库，或在某个位置扩充一台适当的小型计算机，都很容易实现。然而有些功能要付出更高的代价，例如，为了调配在几个位置上的活动，事务管理的性能需要比在中心数据库时花费更高，而且甚至抵消许多其他的优点。

1. 分布式数据库概述

随着传统的数据库技术日趋成熟、计算机网络技术的飞速发展和应用范围的扩大，以分布式为主要特征的数据库系统的研究与开发受到人们的关注。分布式数据库是数据库技术与网络技术相结合的产物，在数据库领域已形成一个分支。分布式数据库的研究始于 20 世纪 70 年代中期，世界上第一个分布式数据库系统 SDD-1 是由美国计算机公司（CCA）于 1979 年在 DEC 计算机上实现。20 世纪 90 年代以来，分布式数据库系统进入商品化应用阶段，传统的关系数据库产品均发展成以计算机网络及多任务操作系统为核心的分布式数据库产品，同时分布式数据库逐步向客户机／服务器模式发展。

分布式数据库是指利用高速计算机网络将物理上分散的多个数据存储单元连接起来组成一个逻辑上统一的数据库。分布式数据库的基本思想是将原来集中式数据库中的数据分散存储到多个通过网络连接的数据存储节点上，以获取更大的存储容量和更高的并发访问量。近年来，随着数据量的高速增长，分布式数据库技术也得到了快速的发展，传统的关系型数据库开始从集中式模型向分布式架构发展，基于关系型的分布式数据库在保留了传统数据库的数据模型和基本特征下，从集中式存储走向分布式存储，从集中式计算走向分布式计算。

在大数据时代，面对数据量的井喷式增长和不断增长的用户需求，分布式数据库必须具有如下特征。

高可扩展性：分布式数据库必须具有高可扩展性，能够动态地增添存储节点以实现存储容量的线性扩展。

高并发性：分布式数据库必须及时响应大规模用户的读/写请求，能对海量数据进行随机读/写。

高可用性：分布式数据库必须提供容错机制，能够实现对数据的冗余备份，保证数据和服务的高度可靠性。

在面对海量数据时，使用分布式数据库的优点也是显而易见的。首先，分布式数据库拥有更高的数据访问速度：分布式数据库为了保证数据的高可靠性，往往采用备份的策略实现容错，所以在读取数据的时候，客户端可以并发地从多个备份服务器同时读取，从而提高了数据访问速度。其次，它拥有更强的可扩展性：分布式数据库可以通过增添存储节点来实现存储容量的线性扩展，而集中式数据库的可扩展性十分有限。最后，更高的并发访问量：分布式数据库由于采用多台主机组成存储集群，所以相比集中式数据库，它可以提供更高的用户并发访问量。

2. 几种分布式数据库

1）Apache Hbase

Apache HBase（Hadoop 数据库）是一个具有高可靠性、高性能、面向列、可伸缩的分布式存储系统，利用 HBase 技术可在廉价 PC（个人计算机）上搭建起大规模结构化存储集群。

HBase 是 Google Bigtable 的开源实现，类似 Google Bigtable 利用 GFS（Google 专有的分布式文件系统）作为其文件存储系统，HBase 利用 Hadoop HDFS（Hadoop 分布式文件系统）作为其文件存储系统；Google 运行 MapReduce 来处理 Bigtable 中的海量数据，HBase 同样利用 Hadoop MapReduce 来处理 HBase 中的海量数据；Google Bigtable 利用 Chubby 作为协同服务，HBase 利用 Zookeeper 作为对应。

HBase 是一种"NoSQL"数据库。"NoSQL"是一个通用词，表示数据库不是 RDBMS（关系数据库管理系统），后者支持 SQL 作为主要访问手段。有许多种 NoSQL 数据库，比如，BerkeleyDB 是本地 NoSQL 数据库例子，而 HBase 是大型分布式数据库。从技术上来说，HBase 更像是"Data Store（数据存储）"而不是"Data Base（数据库）"，因为 HBase 缺少很多 RDBMS 的特性，如列类型、第二索引、触发器、高级查询语言等。然而，HBase 有许多特征同时支持线性化和模块化扩充。HBase 集群通过增加 RegionServer 进行扩展，而且只需要将它放到普通的服务器中即可。例如，如果集群从 10 个扩充到 20 个 RegionServer，存储空间和处理容量都同时翻倍。RDBMS 也能进行扩充，但仅针对某个点，特别是对一个单独数据库服务器来说。同时，为了更好的性能，RDBMS 需要依赖特殊的硬件和存储设备，而 HBase 并不需要这些。

2）Apache CouchDB

CouchDB 是一个顶级 Apache Software Foundation 开源项目，根据 Apache 许可 V2.0 发布。这个开源许可允许在其他软件中使用这些源代码，并根据需要进行修改，但前提是遵从版权须知和免责声明。与许多其他开源许可一样，这个许可允许用户根据需求使用、修改和分发该软件，不一定由同一个许可包含所有修改，因为我们仅维护一个 Apache 代码使用许可须知。

CouchDB 有如下特点：

第一，CouchDB 是分布式的数据库，它可以把存储系统分布到 n 台物理的节点上面，并且能很好地协调和同步节点之间的数据读写一致性。这当然也得靠 Erlang 无与伦比的并发特性才能做到。对于基于 Web 的大规模应用文档应用，分布式可以让它不必像传统的关系数据库那样分库拆表，或者在应用代码层进行大量的改动。

第二，CouchDB 是面向文档的数据库，存储半结构化的数据，比较类似 lucene 的 index 结构，特别适合存储文档，因此很适合 CMS（内容管理系统）、电话本、地址本等应用。在这些应用场合，文档数据库要比关系数据库更加方便、性能更好。

第三，CouchDB 支持 REST API，可以让用户使用 JavaScript 来操作 CouchDB 数据库，也可以用 JavaScript 编写查询语句。我们可以想象一下，用 AJAX 技术结合 CouchDB 开发出来的 CMS 系统会是多么的简单和方便。

CouchDB 构建在强大的 B-树储存引擎之上。这种引擎负责对 CouchDB 中的数据进行排序，并提供一种能够在对数均摊时间内执行搜索、插入和删除操作的机制。CouchDB 将这个引擎用于所有内部数据、文档和视图。

因为 CouchDB 数据库的结构独立于模式，所以它依赖于使用视图创建文档之间的任意关系，以及提供聚合和报告特性。CouchDB 数据库使用 Map/Reduce 计算这些视图的结果，Map/Reduce 是一种使用分布式计算来处理和生成大型数据集的模型。Map/Reduce 模型由 Google 引入，可分为 Map 和 Reduce 两个步骤。在 Map 步骤中，由主节点接收文档并将问题划分为多个子问题，然后将这些子问题发布给工作节点，由它处理后再将结果返回给主节点。在 Reduce 步骤中，主节点接收来自工作节点的结果并合并它们，以获得能够解决最初问题的总体结果和答案。

CouchDB 中的 Map/Reduce 特性生成键/值对，CouchDB 将它们插入到 B-树引擎中并根据它们的键进行排序，这样就能通过键进行高效查找，并且提高 B-树中的操作的性能。此外，这还意味着可以在多个节点上对数据进行分区，而不需要单独查询每个节点。

传统的关系数据库管理系统有时使用锁来管理并发性，从而防止其他客户机访问某个客户机正在更新的数据。这就防止多个客户机同时更改相同的数据，但对于多个客户机同时使用一个系统的情况，数据库在确定哪个客户机应该接收锁并维护锁队列的次序时会遇到困难，这是很常见的。在 CouchDB 中没有锁机制，它使用的是多版本并发性控制（Multiversion Concurrency Control，MVCC），向每个客户机提供数据库的最新版本的快照。这意味着在提交事务之前，其他用户不能看到更改。许多现代数据库开始从锁机制前移到 MVCC，包括 Oracle（V7 之后）和 Microsoft® SQL Server 2005 及更新版本。

3）MongoDB

MongoDB 是一个基于分布式文件存储的数据库，由 C++语言编写，旨在为 Web 应用提供可扩展的高性能数据存储解决方案。MongoDB 是一个介于关系数据库和非关系数据库之间的产品，是非关系数据库当中功能最丰富、最像关系数据库的。它支持的数据结构非常松散，类似 Json 的 Bson 格式，因此可以存储比较复杂的数据类型。Mongo 最大的特点是它支持的查询语言非常强大，其语法类似于面向对象的查询语言，几乎可以实现类似关系数据库单表查询的绝大部分功能，而且还支持对数据建立索引。

MongoDB 的特点是高性能、易部署、易使用，以及存储数据非常方便。其主要功能特性有：面向集合存储，易存储对象类型的数据和模式自由。

所谓"面向集合"（Collection-Oriented），意思是数据被分组存储在数据集中，被称为一个集合（Collection）。每个集合在数据库中都有一个唯一的标识名，并且可以包含无限数目的文档。集合的概念类似关系型数据库（RDB）里的表（Table），不同的是它不需要定义任何模式（Schema）。Nytro MegaRAID 技术中的闪存高速缓存算法能够快速识别数据库内大数据集中的热数据，并提供一致的性能改进。

模式自由（Schema-free），意味着对于存储在 MongoDB 数据库中的文件，我们不需要知道它的任何结构定义。如果需要的话，用户完全可以把不同结构的文件存储在同一个数据库里。

存储在集合中的文档，被存储为键-值对的形式。键用于唯一标识一个文档，为字符串类型，而值则可以是各种复杂的文件类型。我们称这种存储形式为 BSON（Binary Serialized Document Format）。

MongoDB 已经在多个站点部署，其主要场景如下：

（1）网站实时数据处理。它非常适合实时的插入、更新与查询，并具备网站实时数据存储所需的复制及高度伸缩性。

（2）缓存。由于性能很高，它适合作为信息基础设施的缓存层。在系统重启之后，由它搭建的持久化缓存层可以避免下层的数据源过载。

（3）高伸缩性的场景。它非常适合由数十或数百台服务器组成的数据库，它的路线图中已经包含对 MapReduce 引擎的内置支持。

4）Cassandra

Cassandra 是一套开源分布式 NoSQL 数据库系统，它最初由 Facebook 开发，用于储存收件箱等简单格式数据。2008 年，集 GoogleBigTable 的数据模型与 Amazon Dynamo 的完全分布式的架构于一身 Facebook 将 Cassandra 开源。此后，由于 Cassandra 良好的可扩放性，被 Digg、Twitter 等知名 Web 2.0 网站所采纳，成为一种流行的分布式结构化数据存储方案。

Cassandra 是一个混合型的非关系数据库，类似于 Google 的 BigTable。其主要功能比 Dynamo（分布式的 Key-Value 存储系统）更丰富，但支持度却不如文档存储 MongoDB。它是一个在网络社交云计算方面理想的数据库，以 Amazon 专有的完全分布式的 Dynamo 为基础，结合了 Google BigTable 基于列族（Column Family）的数据模型，P2P 去中心化的存储，在很多方面可以称之为 Dynamo 2.0。

Cassandra 的主要特点就是它不是一个数据库，而是由一堆数据库节点共同构成的一个分布式网络服务。对 Cassandra 的一个写操作，会被复制到其他节点上去，对 Cassandra 的读操作，也会被路由到某个节点上面去读取。对于一个 Cassandra 群集来说，扩展性能是比较简单的事情，只需要在群集里面添加节点就可以了。

这里有很多理由来选择 Cassandra 用于管理网站数据。和其他数据库比较，有三个突出特点：

第一，模式灵活——使用 Cassandra，就像文档存储。用户不必提前解决记录中的字段，可以在系统运行时随意的添加或移除字段。这是一个惊人的效率提升，特别是在大型部署上面。

第二，折叠真正可扩展性——Cassandra 是纯粹意义上的水平扩展。为给集群添加更多容量，可以随时指向另一台计算机，而不必重启任何进程、改变应用查询或手动迁移任何数据。

第三，多数据中心识别——用户可以调整节点布局来避免某一个数据中心发生灾难，一个备用的数据中心将至少有每条记录的完全复制。

5）HyperTable

Hypertable 是一个开源、高性能、可伸缩的数据库，它采用与 Google 的 Bigtable 相似的模型。

在过去数年中，Google 为在 PC 集群上运行的可伸缩计算基础设施设计建造了三个关键部分。第一个关键的基础设施是 Google File System（GFS），这是一个高可用的文件系统，提供了一个全局的命名空间。它通过跨机器（和跨机架）的文件数据复制来达到高可用性，并因此免受传统文件存储系统无法避免的许多失败的影响，比如电源、内存和网络端口等失败。第二个基础设施是名为 Map-Reduce 的计算框架，它与 GFS 紧密协作，帮助处理收集到的海量数据。第三个基础设施是 Bigtable，它是传统数据库的替代。Bigtable 让用户可以通过一些主键来组织海量数据，并实现高效的查询。Hypertable 是 Bigtable 的一个开源实现，并进行了一些改进。

3. 分布式数据库系统

分布式数据库系统（DDBS）包含分布式数据库管理系统（DDBMS）和分布式数据库（DDB）。在分布式数据库系统中，一个应用程序可以对数据库进行透明操作，数据库中的数据分别在不同的局部数据库中存储，由不同的 DBMS 进行管理，在不同的机器上运行，由不同的操作系统支持，并被不同的通信网络连接在一起。

一个分布式数据库在逻辑上是一个统一的整体，而在物理上则是分别存储在不同的物理节点上。一个应用程序通过网络的连接可以访问分布在不同地理位置的数据库。它的分布性表现在数据库中的数据不是存储在同一场地，更确切地讲，不存储在同一计算机的存储设备上，这就是与集中式数据库的区别。从用户的角度看，一个分布式数据库系统在逻辑上和集中式数据库系统一样，用户可以在任何一个场地执行全局应用。就好像那些数据是存储在同一台计算机上，并由单个数据库管理系统（DBMS）管理一样，用户并没有感觉什么不一样。

分布式数据库系统是在集中式数据库系统的基础上发展起来的，是计算机技术和网络技术结合的产物。分布式数据库系统适合于部门分散的公司，允许各个部门将其常用的数据存储在本地，实现就地存放本地使用，从而提高响应速度，降低通信费用。分布式数据库系统与集中式数据库系统相比具有可扩展性，通过增加适当的数据冗余，提高系统的可靠性。在集中式数据库中，尽量减少冗余度是系统目标之一，其原因是冗余数据浪费存储空间，而且容易造成各副本之间的不一致性，而为了保证数据的一致性，系统要付出一定的维护代价。减少冗余度的目标是通过数据共享来达到的，而在分布式数据库中却希望增加冗余数据，在不同的场地存储同一数据的多个副本，其原因是：

（1）提高系统的可靠性、可用性。当某一场地出现故障时，系统可以对另一场地上的相同副本进行操作，不会因一处故障而造成整个系统的瘫痪。

（2）提高系统性能。系统可以根据距离选择离用户最近的数据副本进行操作，减少通信代价，改善整个系统的性能。

分布式数据库系统的主要特点：

1）独立透明性

数据独立性是数据库方法追求的主要目标之一，分布透明性指用户不必关心数据的逻辑分区，不必关心数据物理位置分布的细节，不必关心重复副本（冗余数据）的一致性问题，同时也不必关心局部场地上数据库支持哪种数据模型。分布透明性的优点是很明显的。有了分布透明性，用户的应用程序书写起来就如同数据没有分布一样。当数据从一个场地移到另一个场地时，不必改写应用程序；当增加某些数据的重复副本时，也不必改写应用程序。数据分布的信息由系统存储在数据字典中，用户对非本地数据的访问请求由系统根据数据字典予以解释、转换、传送。

2）集中与自治相结合

数据库是用户共享的资源。在集中式数据库中，为了保证数据库的安全性和完整性，对共享数据库的控制是集中的，并设有 DBA（数据库管理员）负责监督和维护系统的正常运行。在分布式数据库中，数据的共享有两个层次：一是局部共享，即在局部数据库中存储局部场地上各用户的共享数据，这些数据是本场地用户常用的；二是全局共享，即在分布式数据库的各个场地也存储可供网中其他场地的用户共享的数据，支持系统中的全局应用。因此，相应的控制结构也具有两个层次：集中和自治。分布式数据库系统常常采用集中和自治相结合的控制结构，各局部的 DBMS 可以独立地管理局部数据库，具有自治的功能；同时，系统又设有集中控制机制，协调各局部 DBMS 的工作，执行全局应用。当然，不同的系统集中和自治的程度不尽相同，有些系统高度自治，连全局应用事务的协调也由局部 DBMS、局部 DBA 共同承担而不要集中控制，不设全局 DBA；有些系统则集中控制程度较高，场地自治功能较弱。支持全局数据库的一致性和可恢复性。分布式数据库中各局部数据库应满足集中式数据库的一致性、可串行性和可恢复性。除此以外，还应保证数据库的全局一致性、并行操作的可串行性和系统的全局可恢复性，这是因为全局应用要涉及两个以上节点的数据，因此在分布式数据库系统中一个业务可能由不同场地上的多个操作组成。例如，银行转账业务包括两个节点上的更新操作，当其中某一个节点出现故障操作失败后如何使全局业务滚回，如何使另一个节点撤销已执行的操作（若操作已完成或完成一部分）或者不必再执行业务的其他操作（若操作尚没执行），这些技术要比集中式数据库复杂和困难得多，分布式数据库系统必须解决这些问题。

3）复制透明性

用户不用关心数据库在网络中各个节点的复制情况，被复制的数据的更新都由系统自动完成。在分布式数据库系统中，可以把一个场地的数据复制到其他场地存放，应用程序可以使用复制到本地的数据在本地完成分布式操作，避免通过网络传输数据，提高了系统的运行和查询效率。但是对于复制数据的更新操作，就要涉及对所有复制数据的更新。

4）易于扩展性

在大多数网络环境中，单个数据库服务器最终会不满足用使用需求。如果服务器软件支持透明的水平扩展，那么就可以增加多个服务器来进一步分布数据和分担处理任务。

4.8.3　分析方法

1. 规范化

规范化的学术定义是范式定义的可接受格式。实际上，由于用在范式的确切定义中的语言非常精确和措辞严谨，会产生一些问题，这是精确使用语言的结果。

一般来说，规范化删除了重复数据并最小化了冗余的数据块，结果是物理空间会被组织得更好且能被更有效地使用。

规范化并不总是最佳的解决方案。例如，在数据仓库中，存在完全不同的方法。简而言之，规范化不是关系数据库模型设计最重要的目标。本小节也描述了对范式的简要定义，从更为学术和更为精确的观点来理解范式，而不是从商业上可行的观点来理解。关于规范化的学术方法问题是，它看起来总是坚持期望设计人员在每个情况中应用每个范式层，但在商业环境中，这几乎是不可能的。关于规范化更深入和更精确的细化方面的问题是，出于进一步简单定义自身的原因，规范化倾向于过多的定义自身。

1）第一范式（1NF）

1NF 做了如下工作：

消除重复的组。

定义主键。

必须使用主键唯一标识所有记录。主键是唯一的，并且不允许有任何重复的值。

除了主键之外的所有其他字段必须直接或间接的依赖于主键。

所有字段必须包含一个值。

每个字段中的所有值必须是相同的数据类型。

创建新的表，从原始表中移除重复的组。

所谓第一范式（1NF）是指数据库表的每一列都是不可分割的基本数据项，同一列中不能有多个值，即实体中的某个属性不能有多个值或者不能有重复的属性。如果出现重复的属性，就可能需要定义一个新的实体，新的实体由重复的属性构成，新实体与原实体之间为一对多关系。在第一范式（1NF）中表的每一行只包含一个实例的信息。简而言之，第一范式就是无重复的列。

1NF 的定义为：符合 1NF 的关系中的每个属性都不可再分。

如表 4-13 所示情况，便不符合 1NF 的要求。

表 4-13　数据库表设计

编号	品名	进　货		销　售		备注
		数　量	单　价	数　量	单　价	

说明：在任何一个关系数据库中，第一范式（1NF）是对关系模式的基本要求，不满足第一范式（1NF）的数据库就不是关系数据库。

1NF 是所有关系型数据库的最基本要求，在关系型数据库管理系统（RDBMS）（例如 SQL Server、Oracle、MySQL）中创建数据表的时候，如果数据表的设计不符合这个最基本的要求，那么操作一定是不能成功的。也就是说，只要在 RDBMS 中已经存在的数据表，一定是符合 1NF 的。如果我们要在 RDBMS 中表现表 4-13 中的数据，就得设计为表 4-14 的形式。

表 4-14　数据库表设计（2）

编号	品名	进货数量	进货单价	销售数量	销售单价	备注

但是仅仅符合 1NF 的设计，仍然会存在数据冗余过大、插入异常、删除异常、修改异常的问题，例如对于表 4-15 中的设计，我们可以看出如下问题：

表 4-15　数据库表设计（3）

学号	姓名	系名	系主任	课名	分数
1022211101	李小明	经济系	王强	高等数学	95
1022211101	李小明	经济系	王强	大学英语	87
1022211101	李小明	经济系	王强	普通化学	76
1022211102	张莉莉	经济系	王强	高等数学	72
1022211102	张莉莉	经济系	王强	大学英语	98
1022211102	张莉莉	经济系	王强	计算机基础	88
1022511101	高芳芳	法律系	刘玲	高等数学	82
1022511101	高芳芳	法律系	刘玲	法学基础	82

（1）数据冗余过大。每一名学生的学号、姓名、系名、系主任这些数据重复多次，

每个系与对应的系主任的数据也重复多次。

（2）插入异常。假如学校新建了一个系，但是暂时还没有招收任何学生（比如 3 月份就新建了，但要等到 8 月份才招生），那么是无法将系名与系主任的数据单独地添加到数据表中去的。

（3）删除异常。假如将某个系中所有学生相关的记录都删除，那么所有系与系主任的数据也就随之消失了（一个系所有学生都没有了，并不表示这个系就没有了）。

（4）修改异常。假如李小明转系到法律系，那么为了保证数据库中数据的一致性，需要修改三条记录中系与系主任的数据。

正因为仅符合 1NF 的数据库设计存在着上述的问题，我们需要提高设计标准，去掉导致上述四种问题的因素，使其符合更高一级的范式（2NF），这就是所谓的"规范化"。

2）第二范式（2NF）

2NF 做了如下工作：

表必须处于 1NF 中。

所有非键值必须完全函数依赖主键,即不允许非键字段完全地和单独地依赖于主键。

必须删除部分依赖。部分依赖是特殊类型的函数依赖，当字段完全依赖于复合主键的一部分时存在这种依赖。

2NF 在 1NF 的基础之上，消除了非主属性对于码的部分函数依赖。接下来对"函数依赖""码""非主属性"与"部分函数依赖"这四个概念进行解释。

（1）函数依赖。

我们可以这么理解（但并不是特别严格的定义）：若在一张表中，在属性（或属性组）X 的值确定的情况下，必定能确定属性 Y 的值，那么就可以说 Y 函数依赖于 X，写作 $X \rightarrow Y$。也就是说，在数据表中，不存在任意两条记录，它们在 X 属性（或属性组）上的值相同，而在 Y 属性上的值不同。这也就是"函数依赖"名字的由来，类似于函数关系 $y = f(x)$，在 x 的值确定的情况下，y 的值也一定是确定的。

例如，对于表 4-15 中的数据，找不到任何一条记录，它们的学号相同而对应的姓名不同。所以我们可以说姓名函数依赖于学号，写作学号 $\rightarrow$ 姓名。但是反过来，因为可能出现同名的学生，所以有可能不同的两条学生记录，它们在姓名上的值相同，但对应的学号不同，所以我们不能说学号函数依赖于姓名。表中其他的函数依赖关系还有如：

系名 $\rightarrow$ 系主任

学号 $\rightarrow$ 系主任

（学号，课名）$\rightarrow$ 分数

但以下函数依赖关系则不成立：

学号 $\rightarrow$ 课名

学号 $\rightarrow$ 分数

课名 $\rightarrow$ 系主任

（学号，课名）→ 姓名

从"函数依赖"这个概念展开，还会有三个概念：

① 完全函数依赖。

在一张表中，若 $X \rightarrow Y$，且对于 X 的任何一个真子集（假如属性组 X 包含超过一个属性的话），$X \rightarrow Y$ 不成立，那么我们称 Y 对于 X 完全函数依赖，记作 $X \overset{F}{\longrightarrow} Y$。例如：

$$\text{学号} \overset{F}{\longrightarrow} \text{姓名} \qquad （\text{学号，课名}） \overset{F}{\longrightarrow} \text{分数}$$

注：因为同一个的学号对应的分数不确定，同一个课名对应的分数也不确定

② 部分函数依赖。

假如 Y 函数依赖于 X，但同时 Y 并不完全函数依赖于 X，那么我们就称 Y 部分函数依赖于 X，记作 $X \overset{P}{\longrightarrow} Y$。例如：

$$（\text{学号，课名}） \overset{P}{\longrightarrow} \text{姓名}$$

③ 传递函数依赖。

假如 Z 函数依赖于 Y，且 Y 函数依赖于 X，那么我们就称 Z 传递函数依赖于 X，记作 $X \overset{T}{\longrightarrow} Y$。

（2）码。

设 K 为某表中的一个属性或属性组，若除 K 之外的所有属性都完全函数依赖于 K，那么我们称 K 为候选码，简称为码。在实际中通常可以理解为：假如当 K 确定的情况下，该表除 K 之外的所有属性的值也就随之确定，那么 K 就是码。一张表中可以有超过一个码（实际应用中为了方便，通常选择其中的一个码作为主码）。例如，对于表 4-15，（学号，课名）这个属性组就是码，该表中有且仅有这一个码（假设所有课没有重名的情况）。

（3）非主属性。

包含在任何一个码中的属性称为主属性。例如，对于表 4-15，主属性就有两个：学号与课名。

那么表 4-15 是否符合 2NF 的要求呢？根据 2NF 的定义，判断的依据实际上就是看数据表中是否存在非主属性对于码的部分函数依赖。若存在，则数据表最高只符合 1NF 的要求；若不存在，则符合 2NF 的要求。判断的方法是：

第一步：找出数据表中所有的码。

第二步：根据第一步所得到的码，找出所有的主属性。

第三步：数据表中，除去所有的主属性，剩下的就都是非主属性了。

第四步：查看是否存在非主属性对码的部分函数依赖。

对于表 4-15，根据前面所说的步骤，我们可以这么做：

① 查看所有的单个属性，当它的值确定了，是否剩下的所有属性值都能确定。

查看所有包含有两个属性的属性组，当它的值确定了，是否剩下的所有属性值都能确定。

查看所有所有属性的属性组，当它的值确定了，是否剩下的所有属性值都能确定。

这看起来很麻烦，但是有一个诀窍，就是假如 A 是码，那么所有包含了 A 的属性组，如（A，B），（A，C），（A，B，C）等，都不是码了（因为作为码的要求里有一个"完全函数依赖"）。

图 4-126 所示表示了表中所有的函数依赖关系。

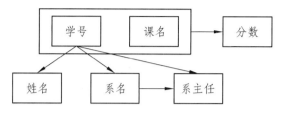

图 4-126　表 4-15 中所有的函数依赖关系

这一步完成以后，可以得到表 4-15 的码只有一个，就是（学号，课名）。

② 确定主属性有两个：学号与课名。

③ 确定非主属性有四个：姓名、系名、系主任、分数。

④ 对于（学号，课名）→ 姓名，有学号 → 姓名，存在非主属性姓名对码（学号，课名）的部分函数依赖。

对于（学号，课名）→ 系名，有学号 → 系名，存在非主属性系名对码（学号，课名）的部分函数依赖。

对于（学号，课名）→ 系主任，有学号 → 系主任，存在非主属性对码（学号，课名）的部分函数依赖。

所以表 4-15 存在非主属性对于码的部分函数依赖，最高只符合 1NF 的要求，不符合 2NF 的要求。

为了让表 4-15 符合 2NF 的要求，必须消除这些部分函数依赖。这里只有一个办法，就是将大数据表拆分成两个或者多个更小的数据表。在拆分的过程中，要达到更高一级范式的要求，这个过程叫作"模式分解"。模式分解的方法不是唯一的，以下是其中一种方法：

选课表（学号，课名，分数）；

学生表（学号，姓名，系名，系主任）。

我们先来判断以下，选课表与学生表是否符合了 2NF 的要求。

对于选课表，其码是（学号，课名），主属性是学号和课名，非主属性是分数。学号确定，并不能唯一确定分数，课名确定，也不能唯一确定分数，所以不存在非主属性分数对于码（学号，课名）的部分函数依赖，所以此表符合 2NF 的要求。

对于学生表，其码是学号，主属性是学号，非主属性是姓名、系名和系主任。因为码只有一个属性，所以不可能存在非主属性对于码的部分函数依赖，所以此表符合 2NF 的要求。

图 4-127 所示表示了模式分解以后的新的函数依赖关系。

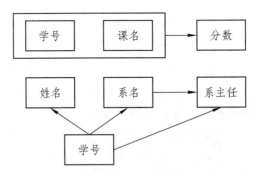

图 4-127　模式分解以后的新的函数依赖关系

表 4-16、表 4-17 所示表示了模式分解以后新的数据表。

表 4-16　模式分解后的数据表

学号	课名	分数
1022211101	高等数学	95
1022211101	大学英语	87
1022211101	普通化学	76
1022211102	高等数学	72
1022211102	大学英语	98
1022211102	计算机基础	88
1022511101	高等数学	82
1022511101	法学基础	82

表 4-17　模式分解后的数据表（2）

学号	姓名	系名	系主任
1022211101	李小明	经济系	王强
1022211102	张莉莉	经济系	王强
1022511101	高芳芳	法律系	刘玲

现在我们来看一下，进行同样的操作，哪些有改进，哪些无改进？

有改进：李小明转系到法律系，只需要修改一次李小明对应的系的值即可。

学生的姓名、系名与系主任，不再像之前一样重复那么多次了。

没有改进：

删除某个系中所有的学生记录，该系的信息仍然全部丢失。

插入一个尚无学生的新系的信息，因为学生表的码是学号，不能为空，所以此操作不被允许。

所以说，仅仅符合 2NF 的要求，在很多情况下还是不够的。而出现问题的原因，在于仍然存在非主属性系主任对于码学号的传递函数依赖。为了能进一步解决这些问题，我们还需要将符合 2NF 要求的数据表改进为符合 3NF 的要求。

3）第三范式（3NF）

3NF 做了如下工作：

表必须处于 2NF 中。

消除传递依赖。传递依赖是其中一个字段由主键间接决定，因为该字段函数依赖于第二个字段，而第二个字段依赖于主键。

创建新的表以包含任何独立的字段。

接下来分析表 4-16、表 4-17 中的设计是否符合 3NF 的要求。

对于选课表，主码为（学号，课名），主属性为学号和课名，非主属性只有一个分数，不可能存在传递函数依赖，所以选课表的设计符合 3NF 的要求。

对于学生表，主码为学号，主属性为学号，非主属性为姓名、系名和系主任。因为学号 → 系名，同时系名 → 系主任，所以存在非主属性系主任对于码学号的传递函数依赖，所以学生表的设计不符合 3NF 的要求。

为了让数据表设计达到 3NF，我们必须进一步进行模式分解：

选课表（学号，课名，分数）

学生表（学号，姓名，系名）

系表（系名，系主任）

对于选课表，符合 3NF 的要求，之前已经分析过了。

对于学生表，码为学号，主属性为学号，非主属性为系名，不可能存在非主属性对于码的传递函数依赖，所以符合 3NF 的要求。

对于系表，码为系名，主属性为系名，非主属性为系主任，不可能存在非主属性对于码的传递函数依赖（至少要有三个属性才可能存在传递函数依赖关系），所以符合 3NF 的要求。新的依赖关系如图 4-128 所示。

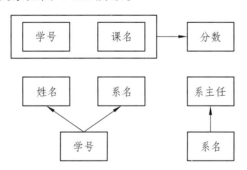

图 4-128　3NF 分析得到的依赖关系

新的数据表如表 4-18、表 4-19、表 4-20 所示。

表 4-18　3NF 分析得到的选课表

学号	课名	分数
1022211101	高等数学	95
1022211101	大学英语	87

学号	课名	分数
1022211101	普通化学	76
1022211102	高等数学	72
1022211102	大学英语	98
1022211102	计算机基础	88
1022511101	高等数学	82
1022511101	法学基础	82

表 4-19　3NF 分析得到的学生表

学号	姓名	系名
1022211101	李小明	经济系
1022211102	张莉莉	经济系
1022511101	高芳芳	法律系

表 4-20　3NF 分析得到的系表

系名	系主任
经济系	王强
法律系	刘玲

4）BCNF

BCNF 是由 Boyce 和 Codd 提出的，比 3NF 又进了一步，通常认为是修正的第三范式。对 3NF 关系进行投影，将消除原关系中主属性对键的部分与传递依赖，得到一组 BCNF 关系。

关系模式 $R<U, F>\in 1NF$。若函数依赖集合 F 中的所有函数依赖 $X \rightarrow Y$（Y 不包含于 X）的左部都包含 R 的任一候选键，则 $R \in BCNF$。换言之，BCNF 中的所有依赖的左部都必须包含候选键。

由 BCNF 的定义我们可以得出结论，一个满足 BCNF 的关系模式有：

（1）所有非主属性对每一个候选键都是完全函数依赖。

（2）所有的主属性对每一个不包含它的候选键，也是完全函数依赖。

（3）没有任何属性完全函数依赖于非候选键的任何一组属性。

由于 $R \in BCNF$，按定义排除了任何属性对键的传递依赖与部分依赖，所以 $R \in 3NF$。但是若 $R \in 3NF$，则 R 未必属于 BCNF。

例如：关系模式 STJ（S, T, J）中，S 表示学生，T 表示教师，J 表示课程。每一个教师只教一门课。每门课有若干个教师，某一学生选定某门课，就对应一个固定的教师。由语义可得到如下函数依赖：

$$（S, J）\rightarrow T; （S, T）\rightarrow J; T \rightarrow J。$$

（S, J），（S, T）都是候选键。

STJ是3NF，因为没有任何非主属性对键传递依赖或部分依赖。但STJ不是BCNF关系，因为T是决定因素而T不包含键。

5）第四范式 4NF

设关系 $R(X, Y, Z)$，其中 X, Y, Z 是成对的、不相交属性的集合。若存在非平凡多值依赖，则意味着对 R 中的每个属性 $A_i(i=1,2,\cdots,n)$ 存在有函数依赖 $X \rightarrow A_i$（X 必包含键），那么 $R \in 4NF$。

换句话说，当关系 R 的属性集合 X 是非平凡多值依赖的域，它就包含关系 R 的键，则 $R \in 4NF$。这个定义和BCNF定义唯一的不同点是后者研究非平凡多值依赖的域。由于函数依赖是多值依赖的特定情况，因此，这直观地说明了4NF比BCNF更强的原因。显然，若关系属于4NF，则它必属于BCNF；而属于BCNF的关系不一定属于4NF。

2. 设计方法

数据库设计的设计内容包括：需求分析、概念结构设计、逻辑结构设计和物理结构设计。

1）需求分析

调查和分析用户的业务活动和数据的使用情况，弄清所用数据的种类、范围、数量以及它们在业务活动中交流的情况，确定用户对数据库系统的使用要求和各种约束条件等，形成用户需求规约。

需求分析是在用户调查的基础上，通过分析逐步明确用户对系统的需求，包括数据需求和围绕这些数据的业务处理需求。在需求分析中，通过自顶向下、逐步分解的方法分析系统，分析的结果采用数据流程图（DFD）进行图形化的描述。如学生成绩管理系统，先进行需求采集，再用数据流图展示，通过数据字典对数据的数据项、数据结构、数据流、数据存储、处理逻辑、外部实体等进行定义和描述。

（1）需求采集过程如图4-129所示。

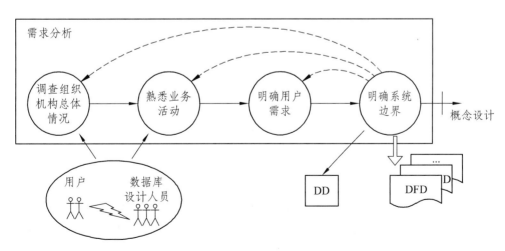

图 4-129　需求采集

（2）数据流图。

数据流图是通过一系列符号及其组合来描述系统功能的输入、输出、处理或加工构造，如图 4-130 所示。

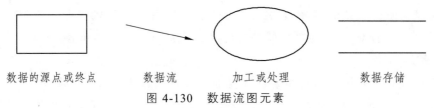

数据的源点或终点　　　数据流　　　加工或处理　　　数据存储

图 4-130　数据流图元素

注意：DFD（数据流图）表示数据被加工或处理的过程，箭头只是表示数据流动的方向，不能有分支、循环的情况。

数据流图命名规则如下：

① 数据流图的中加工、处理过程一般采用动词及其短语；数据源点或终点、数据存储（数据文件或表单形式）、数据流（一项或多项数据）等一般为名词或名词短语。

② 流图中的命令所使用的语言要基本上反映实际的情况，在整个 DFD 中必须要唯一，应尽量避免含有像加工、处理、存储这样的元名称。数据流图示例如图 4-131 所示。

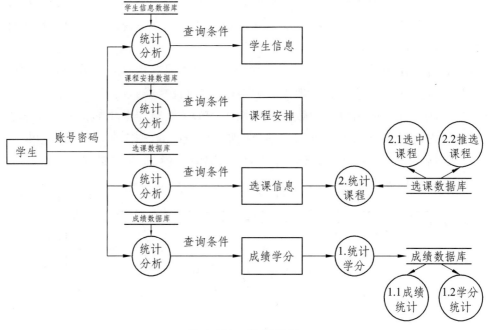

图 4-131　数据流图

（3）数据字典。

数据字典（Data Dictionary）是对于数据模型中的数据对象或者项目的描述集合，这样做有利于程序员和其他相关人员进行参考。分析一个与用户交换的对象系统的第一步就是去辨别每一个对象，以及它与其他对象之间的关系，这个过程称为数据建模，结果产生一个对象关系图。当对每个数据对象和项目都给出了一个描述性的名字之后，对它的关系再进行描述（或者是成为潜在描述关系的结构中的一部分），然后再描述数据的类型（例如文本还是图像，或者二进制数值），列出所有可能预先定义的数值，以及提供简单的文字性描述。这个集合被组织成书的形式用来参考，就叫作数据字典。

当开发用到数据模型的程序时，数据字典可以帮助用户理解数据项所处结构中的什么位置，它可能包含什么数值，以及数据项代表现实世界中的含义。例如，一家银行（或者是一个银行组织）可能对客户银行业务涉及的数据对象进行建模，他们需要给银行程序员提供数据字典。这个数据字典就描述了客户银行业中的数据模型每一个数据项（例如，"账户持有人"和"可用信用"）。

数据字典由数据项、数据结构、数据流、数据存储、处理过程组成。

① 数据项：数据流图中数据块的数据结构中的数据项说明。

数据项是不可再分的数据单位。对数据项的描述通常包括以下内容：

数据项描述＝{数据项名，数据项含义说明，别名，数据类型，长度，取值范围，取值含义，与其他数据项的逻辑关系}

其中，"取值范围""与其他数据项的逻辑关系"定义了数据的完整性约束条件，是设计数据检验功能的依据。

若干个数据项可以组成一个数据结构。

② 数据结构：数据流图中数据块的数据结构说明。

数据结构反映了数据之间的组合关系。一个数据结构可以由若干个数据项组成，也可以由若干个数据结构组成，还可以由若干个数据项和数据结构混合组成。对数据结构的描述通常包括以下内容：

数据结构描述＝{数据结构名，含义说明，组成：{数据项或数据结构}}

③ 数据流：数据流图中流线的说明。

数据流是数据结构在系统内传输的路径。对数据流的描述通常包括以下内容：

数据流描述＝{数据流名，说明，数据流来源，数据流去向，组成：{数据结构}，平均流量，高峰期流量}

其中，"数据流来源"是说明该数据流来自哪个过程，即数据的来源；"数据流去向"是说明该数据流将到哪个过程去，即数据的去向；"平均流量"是指在单位时间（每天、每周、每月等）里的传输次数；"高峰期流量"则是指在高峰时期的数据流量。

④ 数据存储：数据流图中数据块的存储特性说明。

数据存储是数据结构停留或保存的地方，也是数据流的来源和去向之一。对数据存储的描述通常包括以下内容：

数据存储描述＝{数据存储名，说明，编号，流入的数据流，流出的数据流，组成：{数据结构}，数据量，存取方式}

其中，"数据量"是指每次存取多少数据、每天（或每小时、每周等）存取几次等信息；"存取方式"包括是批处理还是联机处理，是检索还是更新，是顺序检索还是随机检索等。

另外，"流入的数据流"要指出其来源，"流出的数据流"要指出其去向。

⑤ 处理过程：数据流图中功能块的说明。

数据字典中只需要描述处理过程的说明性信息，通常包括以下内容：

处理过程描述={处理过程名，说明，输入：{数据流}，输出：{数据流}，处理：{简要说明}}

其中，"简要说明"中主要说明该处理过程的功能及处理要求。功能是指该处理过程用来做什么（而不是怎么做）；处理要求包括处理频度要求，如单位时间里处理多少事务、多少数据量、响应时间要求等，这些处理要求是后面物理设计的输入及性能评价的标准。

2）概念结构设计

对用户要求描述的现实世界（可能是一个工厂、一个商场或者一个学校等），通过分类、聚集和概括，建立抽象的概念数据模型。这个概念模型应反映现实世界各部门的信息结构、信息流动情况、信息间的互相制约关系以及各部门对信息储存、查询和加工的要求等。所建立的模型应避开数据库在计算机上的具体实现细节，用一种抽象的形式表示出来。以扩充的实体-联系（E-R）模型方法为例，先明确现实世界各部门所含的各种实体及其属性、实体间的联系以及对信息的制约条件等，从而给出各部门内所用信息的局部描述（在数据库中称为用户的局部视图）；再将前面得到的多个用户的局部视图集成为一个全局视图，即用户要描述的现实世界的概念数据模型。概念结构设计能真实、充分地反映现实世界，易于理解，易于更改，易于向关系、网状、层次等各种数据模型转换。

概念模型的表示方法比较多，其中最常用的是 P.P.S.Chen 于 1976 年提出的实体-联系方法（Entity-Relationship Approach）。该方法用 E-R 图来描述现实世界的概念模型，E-R 方法也称为 E-R 模型。

关于现实世界的抽象，一般分为三类：

（1）分类：即对象值与型之间的联系，可以用"is member of"判定。如张英、王平都是学生，他们与"学生"之间构成分类关系。

（2）聚集：定义某一类型的组成成分，是"is part of"的联系。如学生与学号、姓名等属性的联系。

（3）概括：定义类型间的一种子集联系，是"is subset of"的联系。如研究生和本科生都是学生，而且都是集合，因此它们之间是概括的联系。

例如，猫和动物之间是概括的联系，《汤姆和杰瑞》中那只名叫汤姆的猫与猫之间是分类的联系，汤姆的毛色和汤姆之间是聚集的联系。

对于订单细节和订单，订单细节肯定不是一个订单，因此不是概括或分类的联系。订单细节是订单的一部分，因此是聚集的联系。

概念结构设计方法有自顶向下，自底向上，逐步扩展，混合策略等方法。

自顶向下：即先定义全局概念结构的框架，然后逐步细化，如图 4-132 所示。

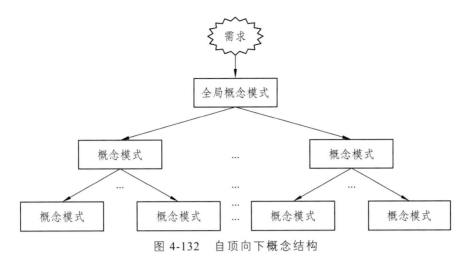

图 4-132　自顶向下概念结构

自底向上：先定义局部应用的概念结构，然后将它们集合起来，得到全局概念。具体来说就是先将抽象数据设计成为局部视图，然后集成局部视图，得到全局概念结构，如图 4-133 所示。

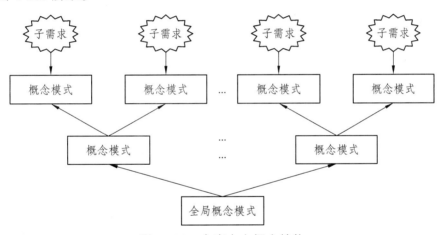

图 4-133　自底向上概念结构

逐步扩展：首先定义最重要的核心概念结构，然后向外扩充，以滚雪球的方法逐步生成其他概念结构，直到完成总体概念结构，如图 4-134 所示。

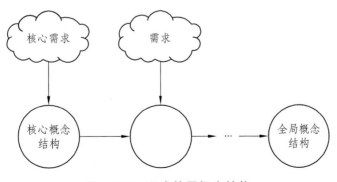

图 4-134　逐步扩展概念结构

混合策略：即将自顶向下和自底向上相结合，用自顶向下策略设计一个全局概念结构框架，以它为骨架集成由底向上策略中设计的局部概念结构，如图 4-135 所示。

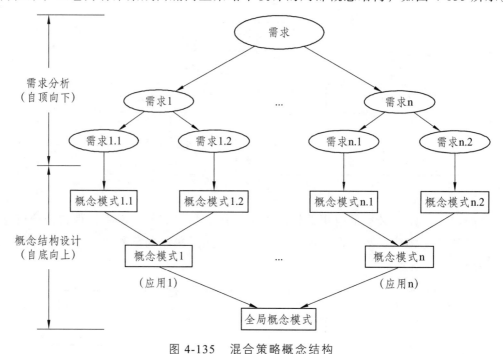

图 4-135　混合策略概念结构

3）描述概念模型——E-R 模型

（1）E-R 模型相关概念。

实体-联系模型（Entity-Relationship Model，E-R 模型）是 1976 年由美籍华人 P.S.Chen（陈平山）提出的。这个模型直接将现实世界中的事物及其之间的联系抽象为实体类型和实体间联系，然后用实体联系图表示数据模型。E-R 模型主要由下面几种属性构成。

实体：一般认为，客观上可以相互区分的事物就是实体，实体可以是具体的人和物，也可以是抽象的概念与联系，关键在于一个实体能与另一个实体相区别，具有相同属性的实体也具有相同的特征和性质。建模时用实体名及其属性名集合来抽象和刻画同类实体，在 E-R 图中用矩形表示，矩形框内写明实体名，比如学生张三、学生李四都是实体。如果是弱实体的话，在矩形外面再套实线矩形。

属性：实体所具有的某一特性，一个实体可由若干个属性来刻画。属性不能脱离实体，属性是相对实体而言的。在 E-R 图中属性用椭圆形表示，并用无向边将其与相应的实体连接起来，比如学生的姓名、学号、性别都是属性。如果是多值属性的话，在椭圆形外面再套实线椭圆；如果是派生属性则用虚线椭圆表示。

联系：联系也称关系，在信息世界中反映实体内部或实体之间的关联。实体内部的联系通常是指组成实体的各属性之间的联系，实体之间的联系通常是指不同实体集之间的联系。联系在 E-R 图中用菱形表示，菱形框内写明联系名，并用无向边分别与有关实体连接起来，同时在无向边旁标上联系的类型（1：1，1：n 或 m：n）。比如老师给学生授课存在授课关系，学生选课存在选课关系。如果是弱实体的联系则在菱形外面再套菱形。E-R 模型的主要属性如图 4-136 所示。

图 4-136　E-R 模型主要属性

实体-联系数据模型中的联系型存在 3 种一般性约束：一对一约束（联系）、一对多约束（联系）和多对多约束（联系），它们用来描述实体集之间的数量约束。

① 一对一联系（1：1）。

对于两个实体集 A 和 B，若 A 中的每一个值在 B 中至多有一个实体值与之对应，反之亦然，则称实体集 A 和 B 具有一对一的联系。

例如，一个学校只有一个正校长，而一个校长只在一个学校中任职，则学校与校长之间具有一对一联系。

② 一对多联系（1：N）。

对于两个实体集 A 和 B，若 A 中的每一个值在 B 中有多个实体值与之对应，反之 B 中每一个实体值在 A 中至多有一个实体值与之对应，则称实体集 A 和 B 具有一对多的联系。

例如，某校教师与课程之间存在一对多的联系"教"，即每位教师可以教多门课程，但是每门课程只能由一位教师来教。一个专业中有若干名学生，而每个学生只在一个专业中学习，则专业与学生之间具有一对多联系。

③ 多对多联系（M：N）。

对于两个实体集 A 和 B，若 A 中每一个实体值在 B 中有多个实体值与之对应，反之亦然，则称实体集 A 与实体集 B 具有多对多联系。

例如，表示学生与课程间的联系"选修"是多对多的，即一个学生可以学多门课程，而每门课程可以有多个学生来学。联系也可能有属性。例如，学生"选修"某门课程所取得的成绩，既不是学生的属性也不是课程的属性。由于"成绩"既依赖于某名特定的学生又依赖于某门特定的课程，所以它是学生与课程之间的联系"选修"的属性。

实际上，一对一联系是一对多联系的特例，而一对多联系又是多对多联系的特例。联系是随着数据库语义而改变的，假如有如下 3 种语义规定：

一个部门有一个经理，而每个经理只在一个部门任职，则部门与经理的联系是一对一的。

一个员工可以同时是多个部门的经理，而一个部门只能有一个经理，则这种规定下"员工"与"部门"之间的"管理"联系就是 1：n 的联系了。

一个员工可以同时在多个部门工作，而一个部门有多个员工在其中工作，则"员工"与"部门"的"工作"联系为 m：n 的联系。

（2）E-R 图设计步骤。

第一步：调查分析。

① 选择局部应用。在需求分析阶段，通过应用环境和要求进行详尽的调查分析，用多层数据流图和数据字典描述整个系统，这里就是要根据系统的具体情况，在多层的数据流图中选择一个适当层次的（经验很重要）数据流图，让这组图中每一部分对应一个局部应用，即能以这一层次的数据流图为出发点，设计分 E-R 图。一般而言，中层的数据流图能较好地反映系统中各局部应用的子系统组成，因此人们往往以中层数据流图作为设计分 E-R 图的依据。

② 逐一设计分 E-R 图，每个局部应用都对应了一组数据流图，局部应用涉及的数据都已经收集在数据字典中了。现在就是要将这些数据从数据字典中抽取出来，参照数据流图，a. 标定局部应用中的实体，b. 确定实体的属性、标识实体的码；c. 确定实体之间的联系及其类型（1 : 1、1 : n、m : n）。

下面是对 a、b 和 c 步骤的具体说明：

a. 标定局部应用中的实体。现实世界中一组具有某些共同特性和行为的对象就可以抽象为一个实体。对象和实体之间是 "is member of" 的关系，例如在学校，可以把张三、李四、王五等对象抽象为学生实体。对象类型的组成成分可以抽象为实体的属性。组成成分与对象类型之间是 "is part of" 的关系。例如学号、姓名、专业、年级等可以抽象为学生实体的属性，其中学号为标识学生实体的码。

b. 确定实体的属性、标识实体的码。实际上，实体与属性是相对而言的，很难有清晰的界限。同一事物，在一种应用环境中作为 "属性"，在另一种应用环境中就却作为 "实体"。一般说来，在给定的应用环境中：属性不能再具有需要描述的性质，即属性必须是不可分的数据项；属性不能与其他实体具有联系，联系只发生在实体之间。

c. 确定实体之间的联系及其类型（1 : 1、1 : n、m : n）。根据需求分析，要考察实体之间是否存在联系，有无多余联系。

第二步：合并生成。

合并名分 E-R 图时，各分 E-R 图会产生冲突。各分 E-R 图之间的冲突主要有 3 类：属性冲突、命名冲突和结构冲突。

① 属性冲突

a. 属性域冲突。即属性值的类型、取值范围或取值集合不同，例如，属性 "零件号" 有的定义为字符型，有的为数值型。

b. 属性取值单位冲突。例如：属性 "重量" 有的以克为单位，有的以千克为单位。

② 命名冲突。

a. 同名异义。不同意义对象具有相同名称。

b. 异名同义（一义多名）。同意义对象具有不相同名称。例如，"项目" 和 "课题"。

③ 结构冲突。

a. 同一对象在不同应用中具有不同的抽象。例如 "课程" 在某一局部应用中被当作实体，而在另一局部应用中则被当作属性。

　　b. 同一实体在不同局部视图中所包含的属性不完全相同，或者属性的排列次序不完全相同。

　　c. 实体之间的联系在不同局部视图中呈现不同的类型。例如，实体 E1 与 E2 在局部应用 A 中是多对多联系，而在局部应用 B 中是一对多联系；又如，在局部应用 X 中 E1 与 E2 发生联系，而在局部应用 Y 中 E1、E2、E3 三者之间有联系。其解决方法是根据应用的语义对实体联系的类型进行综合或调整。

　　第三步：修改重构。

　　经过合并生成后的 E-R 图是初步 E-R 图。之所以称其为初步 E-R 图，是因为其中可能存在冗余的数据和冗余的实体间联系，即存在可由基本数据导出的数据和可由其他联系导出的联系。冗余数据和冗余联系容易破坏数据库的完整性，给数据库维护增加困难，因此得到初步 E-R 图后，还应当进一步检查 E-R 图中是否存在冗余，如果存在，应设法予以消除。一般主要采用分析方法，修改、重构初步 E-R 图以消除冗余。除此之外，还可以用规范化理论来消除冗余。

　　下面以图书借阅系统的 E-R 模型为例进行说明。

　　在该型中，读者有编号、姓名、读者类型、已借数量属性；图书有编号、书名、出版社、出版日期、定价属性；借阅图书有读者编号、图书编号、借期、还期属性，整理后如图 4-137 所示。

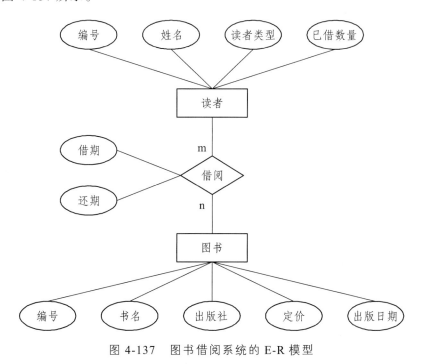

图 4-137　图书借阅系统的 E-R 模型

4）逻辑结构设计

逻辑结构设计主要工作是将现实世界的概念数据模型设计成数据库的一种逻辑模

式，即适应于某种特定数据库管理系统所支持的逻辑数据模式。与此同时，可能还需为各种数据处理应用领域产生相应的逻辑子模式。这一步设计的结果就是产生所谓"逻辑数据库"。逻辑结构设计一般有 3 个步骤，如图 4-138 所示。

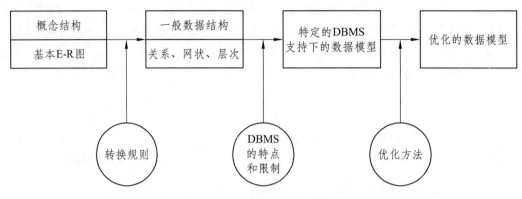

图 4-138　逻辑结构设计步骤

（1）转换内容。

将 E-R 图转换为关系模型，即将实体、实体的属性、实体之间的联系转化为关系模式。

（2）转换规则。

① 一个实体型转换为一个关系模式。

一般 E-R 图中的一个实体转换为一个关系模式，实体的属性就是关系的属性，实体的码就是关系的码。

② 一个 1：1 联系可以转换为一个独立的关系模式，也可以与任意一端对应的关系模式合并。

③ 一个 1：n 联系可以转换为一个独立的关系模式，也可以与 n 端对应的关系模式合并。

a. 若单独作为一个关系模式。

此时该单独的关系模式的属性包括其自身的属性，以及与该联系相连的实体的码。该关系的码为 n 端实体的主属性。例如：

顾客（顾客号，姓名）；

订单（订单号，……）；

订货（顾客号，订单号）。

b. 与 n 端合并，例如：

顾客（顾客号，姓名）；

订单（订单号，……，顾客号）。

④ 一个 m：n 联系可以转换为一个独立的关系模式。

该关系的属性包括联系自身的属性，以及与联系相连的实体的属性。各实体的码组成关系码或关系码的一部分。例如：

教师（教师号，姓名）；

学生（学号，姓名）；

教授（教师号，学号）。

⑤ 一个多元联系可以转换为一个独立的关系模式。

与该多元联系相连的各实体的码，以及联系本身的属性均转换为关系的属性，各实体的码组成关系的码或关系码的一部分。

⑥ 具有相同码的关系模式可以合并。

⑦ 有些 $1:n$ 的联系，将属性合并到 n 端后，该属性也作为主码的一部分。

（3）数据模型的优化。

有了关系模型，可以进一步优化，方法为：

① 确定数据依赖。

② 对数据依赖进行极小化处理，消除冗余联系（参看范式理论）。

③ 确定范式级别，根据应用环境对某些模式进行合并或分解。

以上工作理论性比较强，主要目的是设计一个数据冗余尽量少的关系模式。接下来则是考虑效率的问题了。

（1）对关系模式进行必要的分解。

如果一个关系模式的属性特别多，就应该考虑是否可以对这个关系进行垂直分解。如果有些属性是经常访问的，而有些属性是很少访问的，则应该把它们分解为两个关系模式。

如果一个关系的数据量特别大，就应该考虑是否可以进行水平分解。如一个论坛中，在设计时常会把会员发的主帖和跟帖设计为一个关系，但在帖子量非常大的情况下，就应该考虑把它们分开了。因为显示的主帖是经常被查询的，而跟帖则是在打开某个主帖的情况下才被查询。又如手机号管理软件，可以考虑按省份或其他方式进行水平分解。

（2）设计用户模式。

设计用户子模式是考虑使用的方便性和效率问题，主要借助视图手段实现，包括：

① 建立视图，使用更符合用户习惯的别名。

② 对不同级别的用户定义不同的视图，以保证系统的安全性。

③ 对复杂的查询操作，可以定义视图，简化用户对系统的使用。

下面以活期储蓄管理系统为例进行说明。

由概念模型向关系模型的转换规则可知，关系模型中包括 3 个关系：实体集"储户"和"储蓄所"形成的两个关系，实体的码就是关系的码；联系"存取款"形成的一个关系，该关系的码应该包括两个实体的码，考虑到允许同一储户在同一储蓄所多次存取款，所以联系"存取款"对应的关系的主码中还应该包括"存取日期"。

另外，考虑到储户的信息项较多，而且有一部分信息（如账号、姓名、电话、地址、开户行等）相对固定，其余信息（如储户的密码、信誉、状态、存款额等）经常变化。因此，可以将实体储户的信息分割为储户基本信息和储户动态信息两个关系，两个关系的码均为账号。这样更利于数据的存储和维护，还可以提高数据的安全性。系统 E-R 模型如图 4-139 所示。

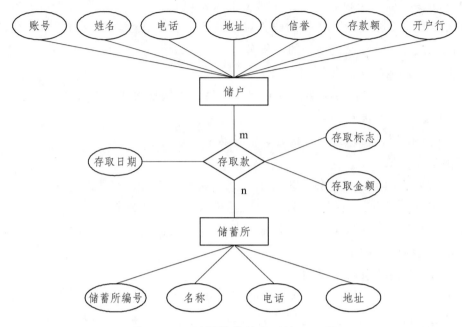

图 4-139　活期储蓄管理系统 E-R 图

转换为关系模型为：

储户基本信息（账号，名称，电话，地址，开户行，开户日期）

储户动态信息（账号，密码，信誉，存款额，状态）

储蓄所（编号，名称，电话，地址）

存取款（账号，储蓄所编号，存取标志，存取金额，存取日期）

5）物理设计

数据库物理设计主要工作是设计数据库的物理结构，根据数据库的逻辑结构来选定 RDBMS（如 Oracle、Sybase 等），并设计和实施数据库的存储结构、存取方式等。

物理结构依赖于给定的 DBMS 和硬件系统，因此设计人员必须充分了解所用 RDBMS 的内部特征、存储结构、存取方法。数据库的物理设计通常分为两步：

第一步：确定数据库的物理结构；

第二步：评价实施的空间效率和时间效率。

确定数据库的物理结构包含以下四方面的内容：

（1）确定数据的存储结构。

（2）设计数据的存取路径。

（3）确定数据的存放位置。

（4）确定系统配置。

数据库物理设计过程中需要对时间效率、空间效率、维护代价和各种用户要求进行权衡，选择一个优化方案作为数据库物理结构。在数据库物理设计中，最有效的方式是集中地存储和检索对象。

4.8.4　工具

1. 元　素

本工具主要包括表、引用和备注元素。

表：代表数据库中的表，可以新增或删除字段、修改字段信息等。

引用：主要表示表和表之间的关联关系，如果两张表用引用连着，则表示这两张表是主从表关系，并且从表存在外键关联主表某一字段。

备注：可以用来描述这个 E-R 图存在的具体意义，协助别人了解此图。

2. 向　导

1）数据库导入向导

（1）选择数据库，输入数据库的主机名、端口、数据库名、用户名和密码，点击"下一步"，如图 4-140 所示。

（2）勾选需要导入的表，点击"确定"，系统会根据数据库中表的信息自动在编辑器中创建表，如图 4-141 所示。

图 4-140　配置数据库信息

图 4-141　勾选表

2）导出 DLL

（1）在编辑器空白处单机鼠标右键，在右键菜单中选择"导出"→"DLL"，如图 4-142 所示。

图 4-142　选择 DLL 菜单项

（2）在弹窗中选择正确路径后点击"确定"按钮，系统会根据编辑器中表内容自动创建并生成对应的 SQL 文件，如图 4-143 所示。

图 4-143　选择导出路径

3）导出数据库

（1）在编辑器空白处单机鼠标右键，在右键菜单中选择"导出"→"数据库"，如图 4-144 所示。

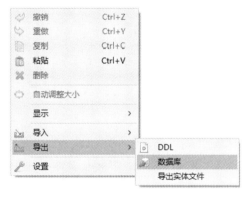

图 4-144　选择数据库菜单项

（2）选择数据库，输入数据库的主机名、端口、数据库名、用户名和密码，点击"下一步"，如图 4-145 所示。

图 4-145　配置数据库信息

（3）在弹出的对话框中检查 SQL 语句是否有错（见图 4-146），点击"执行"按钮，在确认提示框选择"确定"，则自动导出表到指定的数据库中。

图 4-146　查看 SQL 语句

4）导出实体文件

（1）在编辑器空白处单机鼠标右键，在右键菜单中选择"导出"→"导出实体文件"，如图 4-17 所示。

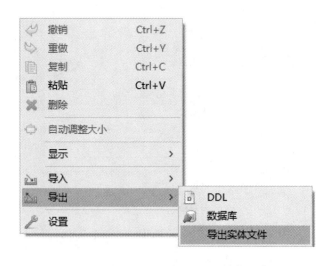

图 4-147　选择导出实体文件菜单项

（2）在确认提示框点击"确定"按钮，则将编辑器中的表导出实体到文件同级目录下。

3．编辑器

编辑器主要包含一个 E-R 图编辑器，用户可以选择关联 MySQL 或 Oracle 创建此编辑器，可以通过拖放表元素创建表，通过引用元素表现表与表之间的关联关系。编辑器主要包括两种视图模式：物理模式和逻辑模式。物理模式展示数据库中表本身的字段名称，逻辑模式则展示用户自定义字段名称，该模式有助于用户理解此数据库中的表和表的关联关系。

用户可以根据自己需要从数据库导入生成对应的 E-R 图，也可以通过 E-R 图导出生成 SQL 文件，或者导出到数据库生成表和实体等。

E-R 图编辑器方便开发人员理解数据库表结构和关系，同时也方便设计人员设计数据库表以及快速创建数据库表。编辑器整体如图 4-148 所示。

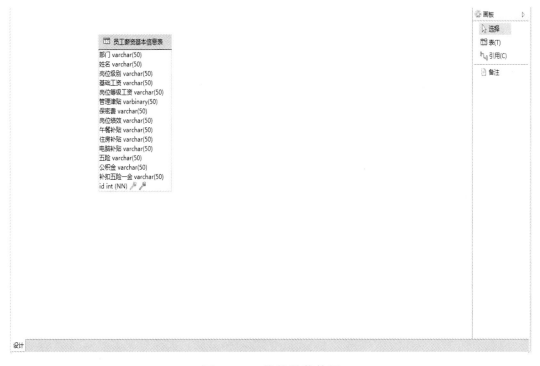

图 4-148　编辑器整体图

进行数据库设计时，该工具包含的关键步骤为新建数据库设计文件，创建表，配置表字段，创建引用关系等。

1）新建数据库设计文件

在新建向导中选择 ER 图，弹窗中输入 ER 图名称，选择数据库，点击完成则完成了文件的创建，如图 4-149 所示。

图 4-149　输入文件名

2）创建表

从画板中选择"表"元素，然后在编辑器面板点击一次，就可以添加一个表，如图 4-150 所示。

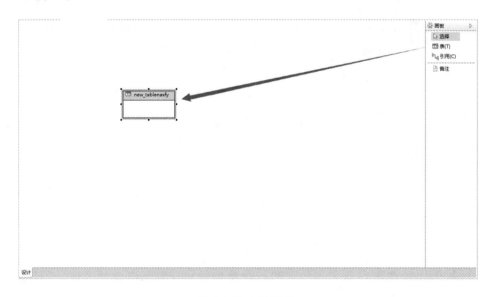

图 4-150　创建表

3）配置表字段

鼠标双击表打开配置弹窗，在弹窗中点击"新增"按钮可以新增表字段，点击"编辑"按钮可以编辑表字段，点击"删除"按钮可以删除表字段，如图 4-151 所示。

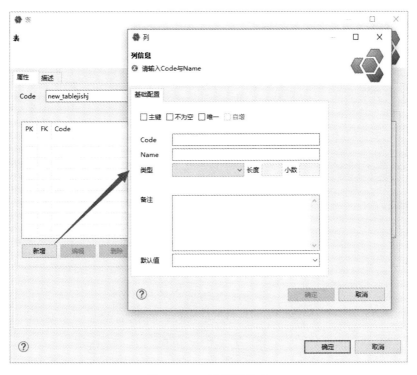

图 4-151　新增列信息

创建完成后效果如图 4-152 所示。

图 4-152　新增完成

4）创建引用关系

通过上述方式在编辑器中创建两张表，然后从画板中选择"引用"元素，连接这两张表，之后在弹窗中选择"外键"和"引用列"创建表和表之间的关系，如图4-153所示。

图 4-153　创建引用

创建引用完成后如图4-154所示。

图 4-154　创建完成效果

4.8.5　案例分析

在前面，我们对数据库设计相关方法进行了描述，接下来结合一个案例，进行数据库设计与分析。

在薪资管理系统中，薪酬管理系统概念实体如图4-155所示。

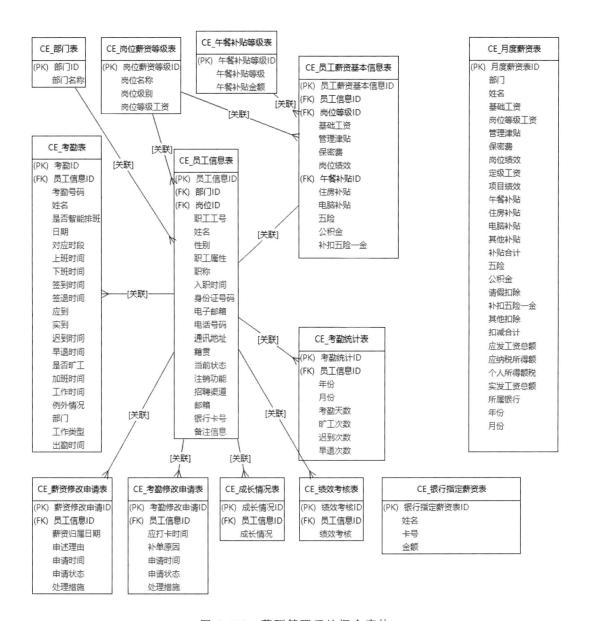

图 4-155　薪酬管理系统概念实体

1. 逻辑设计

逻辑设计主要工作是将现实世界的概念数据模型设计成数据库的一种逻辑模式，即适应于某种特定数据库管理系统所支持的逻辑数据模式。

从以上概念实体中，我们可以明确地知道各个实体之间的关联关系，以及实体的属性和实体之间的联系等。通过这些，我们可以得到各个实体的逻辑结构，如图 4-156 所示。

通过分析得到各个实体之间的关系，如图 4-157 所示。

图 4-156　各实体逻辑图

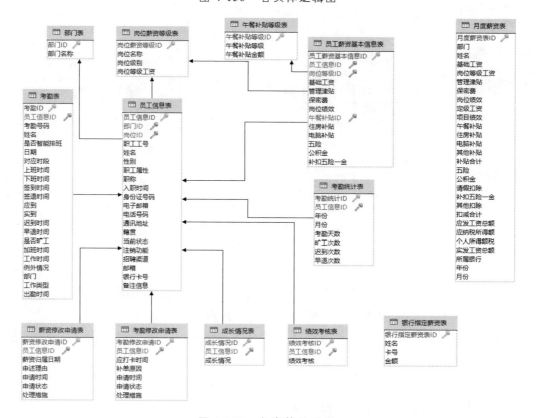

图 4-157　各实体关系图

2. 物理设计

物理设计用来确定数据的存储结构等，即通过物理设计可以确定每个表中字段的物理名称（code）、类型、长度等属性。本例中各个表的物理设计如图 4-158 所示。

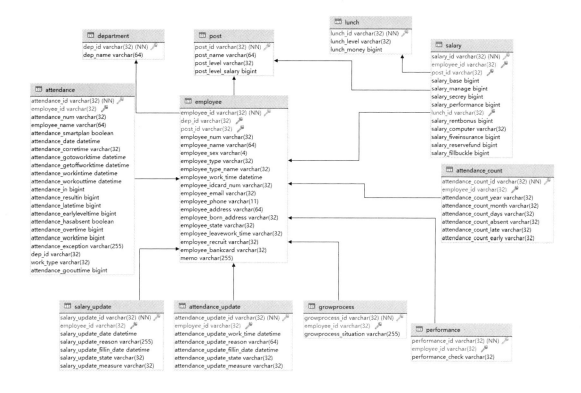

图 4-158　物理设计结果

之后便可根据设计结果直接导出 SQL 文件或直接生成数据库表，详情参照 4.8.4 小节内容。

4.9　小　结

本章介绍了核格软件加工中心系统设计的详细步骤和设计方法，并简要介绍了核格设计工具平台是如何运用系统设计方法论进行软件设计的。

在进行软件设计时，不仅要考虑系统功能的完备性，还需要考虑一些与系统功能无关的因素，例如系统性能和系统安全性。在下一章中我们会详细介绍系统非功能设计的内容。

5 系统非功能性设计

上一章节介绍了系统设计中的系统功能设计的内容，本章将会介绍系统设计时同样需要关注的系统非功能性设计。

5.1 性能设计

5.1.1 概 述

软件性能是软件在运行的过程中表现出来的时间和空间效率与用户的需求之间的吻合程度。如果时间和空间效率与其心理期待一致或能够达到用户的既定要求，用户就认为这个软件的性能是符合要求的；反之，此软件的性能则被认为是有问题的或者用户难以接受的。

狭义地讲，软件性能是指软件在尽可能少地占用系统资源的前提下，尽可能高地提高运行速度；广义上来说，软件性能是指软件质量的属性，包括正确性、可靠性、易用性、安全性、可扩展性、兼容性和可移植性。

软件的性能是软件的一种非功能特性，它关注的不是软件是否能够完成特定的功能，而是在完成该功能时展示出来的及时性。

5.1.2 性能指标

为了能够科学地进行性能设计，对性能指标进行定量评测是非常重要的。目前，一些可以用于定量评测的性能指标有：响应时间、吞吐量、并发用户数和资源利用率等，下面分别对其进行详细介绍。

1. 响应时间

响应时间是指系统对请求做出响应的时间。直观上看，这个指标与人对软件性能的主观感受是非常一致的，因为它完整地记录了整个计算机系统处理请求的时间。由于一个系统通常会提供许多功能，而不同功能的处理逻辑千差万别，因而不同功能的响应时间也不相同，甚至同一功能在不同输入数据的情况下响应时间也不相同。所以，在讨论一个系统的响应时间时，人们通常是指该系统所有功能的平均时间或者所有功能的最大响应时间。当然，往往也需要对每个或每组功能讨论其平均响应时间和最大响应时间。

从用户角度来说，软件性能就是软件对用户操作的响应时间。说得更明确一点，对用户来说，当用户单击一个按钮、发出一条指令或在 Web 页面上单击一个链接，从用户单击开始到应用系统把本次操作的结果以用户能察觉的方式展示出来，这个过程所消耗的时间就是用户对软件性能的直观印象。

对于用户响应时间，在互联网上有一个普遍的标准，即"2/5/10 秒"原则。也就是说，在 2 s 之内给客户响应被用户认为是"非常有吸引力"的用户体验；在 5 s 之内响应客户被认为是"比较不错"的用户体验；在 10 s 内给用户响应被认为"糟糕"的用户体验。如果超过 10 s 还没有得到响应，那么大多用户会认为这次请求是失败的。也就是说，响应时间的绝对值并不能直接反映软件性能的高低，软件性能的高低实际上取决于用户对该响应时间的接受程度。对于一个游戏软件来说，响应时间小于 100 ms应该是不错的，响应时间在 1 s 左右可能属于勉强可以接受，如果响应时间达到 3 s 就完全难以接受了。而对于编译系统来说，完整编译一个较大规模软件的源代码可能需要几十分钟甚至更长时间，但这些响应时间对于用户来说都是可以接受的。

因此，对于响应时间来说，"合理的响应时间"取决于用户的需求，而不能依据测试人员自己设想来决定。

2. 吞吐量

吞吐量是指系统在单位时间内处理请求的数量。对于无并发的应用系统而言，吞吐量与响应时间形成严格的反比关系，此时的吞吐量就是响应时间的倒数。对于单用户的系统，响应时间（或者系统响应时间和应用延迟时间）可以很好地度量系统的性能，但对于并发系统，通常需要用吞吐量作为性能指标。

对于一个多用户的系统，如果只有一个用户使用时系统的平均响应时间是 t；当有 n 个用户使用时，每个用户看到的响应时间通常并不是 $n \times t$，而往往比 $n \times t$ 小很多（当然，在某些特殊情况下也可能比 $n \times t$ 大，甚至大很多）。这是因为处理每个请求需要用到很多资源，由于每个请求的处理过程中有许多步骤难以并发执行，这导致在具体的一个时间点，所占资源往往并不多。也就是说在处理单个请求时，在每个时间点都可能有许多资源被闲置，当处理多个请求时，如果资源配置合理，每个用户看到的平均响应时间并不随用户数的增加而线性增加。实际上，不同系统的平均响应时间随用户数增加而增长的速度也不大相同，这也是采用吞吐量来度量并发系统性能的主要原因。一般而言，吞吐量是一个比较通用的指标，两个具有不同用户数和用户使用模式的系统，如果其最大吞吐量基本一致，则可以判断两个系统的处理能力基本一致。

一个系统的吞度量（承压能力）与请求对 CPU 的消耗、外部接口与 I/O 速度等紧密关联。单个请求对 CPU 消耗越高，外部系统接口、I/O 响应速度越慢，系统吞吐能力越低，反之越高。吞吐量有几个重要参数：QPS（TPS）、并发数、响应时间。

（1）QPS（TPS）：每秒钟请求事务数量。

（2）并发数：系统同时处理的请求事务数。

（3）响应时间：一般取平均响应时间。

在吞吐量的几个参数中，很多人经常会把 QPS 和并发数混淆，理解了上面三个要素的意义之后，也就很容易搞清楚它们之间的关系：

QPS（TPS）=并发数/平均响应时间

一个系统吞吐量通常由 QPS（TPS）、并发数两个因素决定，每套系统的 QPS（TPS）和并发数都有一个相对极限值。在应用场景访问压力下，只要某一项达到系统最高值，系统的吞吐量就上不去了，如果压力继续增大，系统的吞吐量反而会下降，原因是系统进行了超负荷工作，上下文切换、内存等其他消耗都会导致系统性能下降。

3. 并发用户数

并发用户数是指系统可以同时承载的正常使用系统功能的用户数量。并发主要是针对服务器而言，是否并发的关键是看用户操作是否对服务器产生了影响。因此，并发用户数量的正确理解为：在同一时刻与服务器进行了交互的在线用户数量。这些用户的最大特征是和服务器产生了交互，这种交互既可以是单向的传输数据，也可以是双向的传送数据。与吞吐量相比，并发用户数是一个更直观但也更笼统的性能指标。

实际上，并发用户数是一个非常不准确的指标，因为用户不同的使用模式会导致不同用户在单位时间发出不同数量的请求。以网站系统为例，假设用户只有注册后才能使用，但注册用户并不是每时每刻都在使用该网站，因此具体一个时刻只有部分注册用户同时在线。而正在浏览网页的用户（在线用户）对服务器是没有任何影响的，因而具体一个时刻只有部分在线用户同时向系统发出请求。这样，对于网站系统我们会有三个关于用户数的统计数字：注册用户数、在线用户数和同时发请求用户数。由于注册用户可能长时间不登录网站，使用注册用户数作为性能指标会造成很大的误差。而在线用户数和同时发请求用户数都可以作为性能指标。相比而言，以在线用户作为性能指标更直观些，而以同时发请求用户数作为性能指标更准确些。

并发用户数量的统计方法目前还没有准确的公式，因为不同系统会有不同的并发特点。例如，OA 系统统计并发用户数量的经验公式为：

并发用户数量 = 系统用户数量×（5%~20%）

对于这个公式来说，我们没有必要拘泥于计算的结果，因为为了保证系统的扩展空间，测试时的并发用户数量要稍微多一些，除非是要测试系统能承载的最大并发用户数量。

4. 资源利用率

资源利用率反映的是在一段时间内资源平均被占用的情况。对于数量为 1 的资源，资源利用率可以表示为被占用的时间与整段时间的比值；对于数量不为 1 的资源，资源利用率可以表示为在该段时间内平均被占用的资源数与总资源数的比值。

在以前的系统设计中，由于当时硬件性能的限制，往往要求设计时尽可能采用时间换空间的方法，以降低系统的资源利用率。如今随着硬件性能的提升，系统资源很容易处于过剩状态，则设计系统的时候可以考虑使用空间换时间的方法，以提高资源利用率。

性能优化的关键在于掌握各部分组件的性能平衡点。如果系统 CPU 资源有空闲，但是内存使用紧张，便可以考虑使用时间换空间的策略，达到整体性能的改良。反之，CPU 资源紧张，内存资源有空闲，则可以使用空间换时间的策略，提升整体性能。

5.1.3　系统性能调优

系统性能优化是一个经典的话题，典型的性能问题有页面响应慢、接口超时，服务器负载高、并发数低、数据库频繁死锁等。而造成性能问题的原因又有很多种，比如磁盘 I/O 低、内存占用高、网络堵塞、算法效率低、大数据量等。要解决性能的问题，有很多种方法，以下从前端和后端角度介绍常见的性能优化方法。

1. 前端性能优化

1）前端负载均衡

通过 DNS（域名系统协议）的负载均衡器（一般在路由器上根据路由的负载重定向）可以把用户的访问均匀地分散在多个 Web 服务器上，这样可以减少 Web 服务器的请求负载。因为 HTTP 的请求都是短作业，所以可以通过很简单的负载均衡器来完成这一功能，最好是有 CDN（内容分类网络）能让用户连接与其最近的服务器（CDN 通常伴随着分布式存储）。

CDN（Content Delivery Network，内容分发网络）的基本思路是尽可能避开互联网上有可能影响数据传输速度和稳定性的瓶颈和环节，使内容传输得更快、更稳定。CDN 的通俗理解就是网站加速，可以解决跨运营商、跨地区、服务器负载能力过低、带宽过少等带来的网站打开速度慢等问题。

2）减少前端连接数

比如一个网站，打开主页需要创建 60 多个 HTTP 连接，另一个页面则有 70 多个 HTTP 请求，而现在的浏览器都是并发请求的（当然，浏览器的一个页面的并发数是有限的，但是用户可能同时打开多个页面），所以只要有 100 万个用户，就有可能会有 6000 万个链接（访问第一次后浏览器会存储相关信息到本地 Cache，这会使访问量降低，但就算只有 20%也是百万级的链接数）。如果我们的一个网页引用了很多 CSS 和 JS，例如一个页面引用了 10 个 CSS 和 10 个 JS，那么我们不妨考虑把某些 CSS 和 JS 合并起来。

3）缩减网页大小并增加带宽

比如，一个网页访问时需要下载的总文件大小约在 900 KB，如果用户已经访问过了，浏览器会缓存大部内容，用户下次访问只需下载 10 KB 左右的文件。但是我们可以想象一个极端的案例，一百万个用户同时访问，且都是第一次访问，每人下载量需要 1 MB，如果需要在 120 s 内返回，那么就需要 1 MB×1 MB/120 s×8b = 66 Gb/s 的带宽。这样就很容易导致网络阻塞，结果可能就是页面没有响应。随着浏览器的缓存帮助页面减少了很多带宽占用，负载问题就移到了后端，后端的数据处理瓶颈就会出现。最后，我们就会看到很多"http 500"之类的错误，这说明后端服务器崩溃了。这时候缩减网页大小或者增加带宽是个不错的选择。

2. 后端性能优化

前端优化可以避免造成无谓的服务器和带宽资源浪费，但随着网站访问量的增加，仅靠前端优化并不能解决所有问题，后端软件处理并行请求的能力、程序运行的效率、硬件性能以及系统的可扩展性，将成为影响网站性能和稳定的关键瓶颈所在。比如异步和批量处理等都需要对并发请求数做队列处理。异步在业务上一般来说就是收集请求，然后延时处理，在技术上可以把各个处理程序做成并行的，这样就可以进行水平扩展。但是，异步处理会存在如下的技术问题：

（1）被调用方的返回结果，会涉及进程线程间通信的问题。

（2）如果程序需要回滚，技术会比较复杂。

（3）异步处理通常都会伴随多线程或多进程处理，并发的控制也相对较麻烦。

（4）很多异步系统都用消息机制，消息的丢失和乱序也是比较复杂的问题。

批量处理技术是指把一堆基本相同的请求进行批量处理。比如，大家同时购买同一个商品，没有必要购买一次系统就写一次数据库，完全可以收集到一定数量的请求后进行一次操作。这个技术可以用在很多方面，比如节省网络带宽。我们都知道网络上的 MTU（最大传输单元），在以太网是 1 500 字节，在光纤可以达到 4 000 多个字节，如果一个网络包没有放满这个 MTU，那就是在浪费网络带宽，因为网卡的驱动程序只有在一块一块地读取时效率才会最高。所以，批量处理的系统一般都会设置两个阈值，一个是作业量，另一个是超时值，只要有一个条件满足，系统就会开始提交处理。

5.2 安全性设计

5.2.1 概 述

软件作为计算机用户常用工具，必须具备一定的安全性。提起安全，人们往往会想起一连串专业名词，如"系统安全性参数""软件事故率""软件安全可靠度""软件安全性指标"等，它们可能出现在强制的规范性文档的次数比较多，但却不一定能在设计过程中吸引开发者的眼球。但是一个专业、有素质的软件设计开发者必定会将软件安全性作为软件设计时一个重要指标。

由于在网络环境下，任何用户能对任何资源（包括硬件和软件资源）进行共享，所以必须进行系统的安全性设计来防止非法访问者访问数据资源，对数据资源的存储以及传输进行安全性保护。本小节将通过几个安全实例来描述在软件设计中可能碰到的几个问题以及解决方案。

5.2.2 SQL 注入

SQL 注入（SQL Injection）是通过把 SQL 命令插入到 Web 表单提交、输入域名或页面请求的查询字符串中，达到欺骗服务器执行恶意的 SQL 命令，是黑客对 Web 数据库进行攻击的常用手段之一。

在这种攻击方式中，恶意代码被插入到查询字符串中，然后将该字符串传递到数据库服务器进行执行，根据数据库返回的结果，获得某些数据并发起进一步攻击，甚至获取管理员的账号、密码，窃取或者篡改系统数据等。

为了让读者了解 SQL 注入，我们举一个简单的例子。比如，数据库中有一个表格 USERS，如表 5-1 所示。

表 5-1 USERS

ACCOUNT（主键）	PASSWORD	UNAME
⋮	⋮	⋮

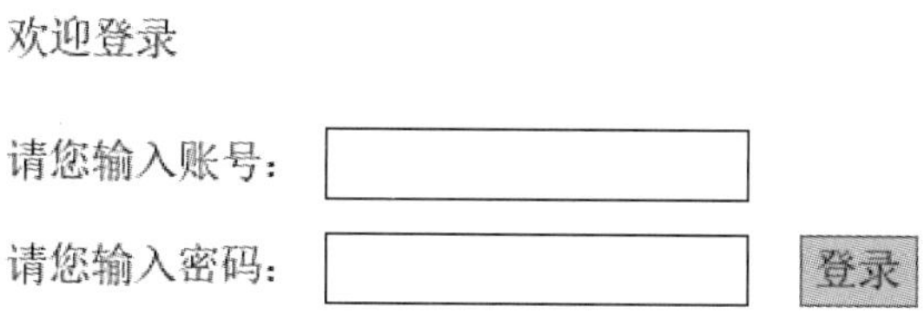

欢迎登录

请您输入账号：　　　　　　　

请您输入密码：　　　　　　　　登录

图 5-1 登录页面

在如图 5-1 所示的文本框内输入用户账号、密码，然后系统将执行 LoginResult.jsp 并查询 USERS 表，最后显示登录结果，如图 5-2 所示。LoginResult.jsp 代码如下：

```
<%@ page language="java" import="java.util.*" pageEncoding="gb2312"%>
<%
    //获取账号密码
    String account = request.getParameter（"account"）;
    String password = request.getParameter（"password"）;
```

```
        if（account!=null）
      {
            //验证账号密码
            String sql = "SELECT * FROM USERS WHERE ACCOUNT='"
                    + account
                    + "' AND PASSWORD='"
                    + password
                    + "'";
            out.println（"数据库执行语句：<BR>" + sql）;
      }
%>
```

图 5-2　登录成功

在此过程中，数据库执行的语句如下：

SELECT * FROM USERS WHERE ACCOUNT='guokehua' AND PASSWORD='guokehua'

熟悉 SQL 的读者可以看到，该结果没有任何问题，数据库将对该输入进行验证，看能否返回结果。如果有，表示登录成功；否则表示登录失败。

但是该程序是有漏洞的。比如，用户输入账号为" aa' OR 1=1 --"，密码任意，如"aa"，数据库对应的 SQL 执行语句如下所示：

SELECT * FROM USERS WHERE ACCOUNT='aa' OR 1=1 --' AND PASSWORD ='aa'

其中，"--"表示注释，因此，真正运行的 SQL 语句是：

SELECT * FROM USERS WHERE ACCOUNT='aa' OR 1=1

此处，"1=1"为永真，所以该语句将返回 USERS 表中的所有记录。这时网站则受到了 SQL 注入的攻击。

通常情况下，SQL 注入攻击的主要危害包括：

（1）非法读取、篡改、添加、删除数据库中的数据。

（2）盗取用户的各类敏感信息，获取利益。

（3）通过修改数据库来修改网页上的内容。

（4）私自添加或删除账号。

（5）注入木马，等等。

由于 SQL 注入攻击一般利用的是 SQL 语法，这使得所有基于 SQL 语言标准的数据库软件，如 SQL Server，Oracle，MySQL，DB2 等都有可能受到攻击，并且攻击的发生和 Web 编程语言本身无关，如 ASP、JSP、PHP。

SQL 攻击一般可以直接访问数据库甚至能够获得数据库所在的服务器的访问权。很多其他的攻击，如 DoS 等，可以通过防火墙等手段进行阻拦，但是对于 SQL 注入攻击，由于注入访问是通过正常用户端进行的，所以普通防火墙对此不会发出警示，一般只能通过程序来控制。

SQL 注入攻击的解决方法有很多种，比较常见的有：

（1）将输入中的单引号变成双引号。

这种方法经常用于解决数据库输入问题，同时也是一种对于数据库安全问题的补救措施。例如代码：

```
String sql = "SELECT * FROM T_CUSTOMER WHERE NAME = '" + name + "'";
```

当用户输入"Guokehua' OR 1=1 --"时，首先利用程序将里面的'（单引号）换成"（双引号），于是，输入就变成了"Guokehua" OR 1=1 --"，SQL 代码将变成：

```
String sql = "SELECT * FROM T_CUSTOMER WHERE NAME = ' Guokehua" OR 1
= 1 --'"
```

很显然，该代码不符合 SQL 语法。如果是正常输入呢？正常情况下，用户输入"Guokehua"，程序将其中的'换成"，当然，这里面没有单引号，结果仍是 Guokehua，SQL 为：

```
String sql = "SELECT * FROM T_CUSTOMER WHERE NAME = 'Guokehua'";
```

这是一句正常的 SQL。不过，有时候攻击者可以将单引号隐藏掉。比如，用"char（0x27）"表示单引号。所以，该方法并不能解决所有问题。

（2）使用存储过程。

比如上面的例子，可以将查询功能写在存储过程 prcGetCustomer 内，调用存储过程的方法为：

```
String sql = "exec prcGetCustomer'" +name + "'";
```

当攻击者输入"Guokehua' or 1=1 --"时，SQL 命令变为：

```
exec prcGetCustomer 'Guokehua' or 11=1 --'
```

显然无法通过存储过程的编译。注意：千万不要将存储过程定义为用户输入的 SQL 语句。如：

```
CREATE PROCEDURE prcTest @input varchar（256）
    AS
            exec（@input）
```

从安全角度讲，这是一个最危险的错误。

（3）严格区分数据库访问权限。

在权限设计中，对于应用软件的使用者，一定要严格限制权限，比如没有必要为他们设置数据库对象的建立、删除等权限。这样，即使在收到 SQL 注入攻击时，有一些对数据库危害较大的工作，如 DROP TABLE 语句，也不会被执行，可以最大限度地减少注入式攻击对数据库带来的危害。

（4）多层架构下的防治策略。

在多层环境下，用户输入数据的校验与数据库的查询被分离成多个层次。此时，应该采用以下方式来进行验证：

① 用户输入的所有数据都需要进行验证，通过验证才能进入下一层。此过程与数据库访问是分离的。

② 没有通过验证的数据应该被数据库拒绝，并向上一层报告错误信息。

（5）对于数据库敏感的、重要的数据，不要以明文显示，要进行加密。关于加密的方法，此处不再介绍。

（6）对数据库查询中的出错信息进行屏蔽，尽量减少攻击者根据数据库的查询出错信息来猜测数据库特征的可能。

（7）由于 SQL 注入有时伴随着猜测，因此，如果发现一个 IP 不断进行登录或者短时间内不断进行查询，可以自动拒绝它的登录；也可以建立攻击者 IP 地址备案机制，对曾经的攻击者 IP 进行备案，发现此 IP，直接拒绝。

（8）可以使用专业的漏洞扫描工具来寻找可能被攻击的漏洞。

5.2.3 XSS 攻击

跨站脚本（Cross-site Scripting，XSS）是一种安全攻击方式，攻击者在看上去来源可靠的链接中恶意嵌入代码，其他用户在观看网页时就会受到影响。这类攻击通常包含了 HTML 以及用户端脚本语言。

跨站脚本攻击实现一般需要以下几个条件：

（1）客户端访问的网站是一个有漏洞的网站。

（2）能在这个网站中通过一些手段放入一段可以执行的代码，吸引客户执行（通过鼠标点击等）。

（3）客户点击后，代码执行，可以达到攻击目的。

XSS 属于被动式的攻击。为了让读者了解 XSS，我们举一个简单的例子。有一个应用负责进行书本查询，查询页面如图 5-3 所示。

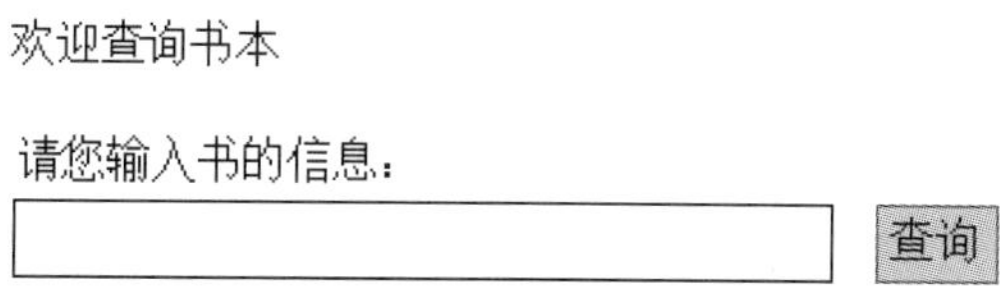

欢迎查询书本

请您输入书的信息：

查询

图 5-3　查询页面

在文本框内输入查询信息，点击"查询"，数据被送达 QueryResult.jsp，QueryResult.jsp 代码如下：

```
QueryResult.jsp
<%@ page language="java" import="java.util.*" pageEncoding="gb2312"%>
用户查询的关键字是：<%=request.getParameter（"book"）%>
<HR>
查询结果为：……
```

在查询页面输入正常数据，如"Java"，如图 5-4 所示。提交后，显示查询结果如图 5-5 所示的结果。

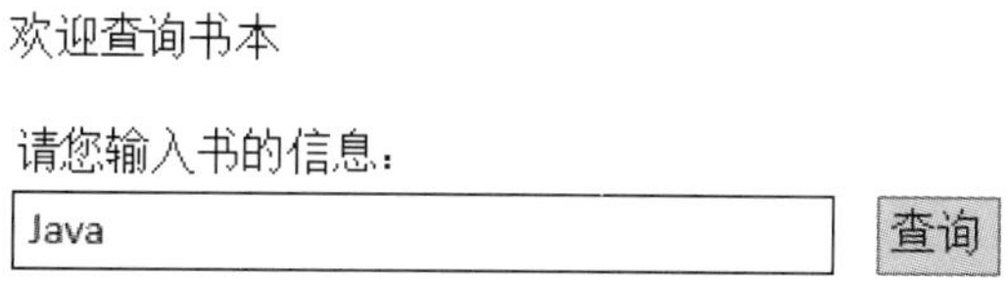

欢迎查询书本

请您输入书的信息：

Java

查询

图 5-4　输入数据并查询

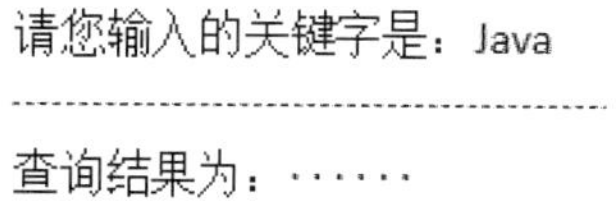

请您输入的关键字是：Java

查询结果为：……

图 5-5　显示查询结果

上述结果没有问题，但是该程序有漏洞。比如，客户输入"<I><FONT SIZE=7>Java</FONT></I>"（见图 5-6），查询显示的结果如图 5-7 所示。

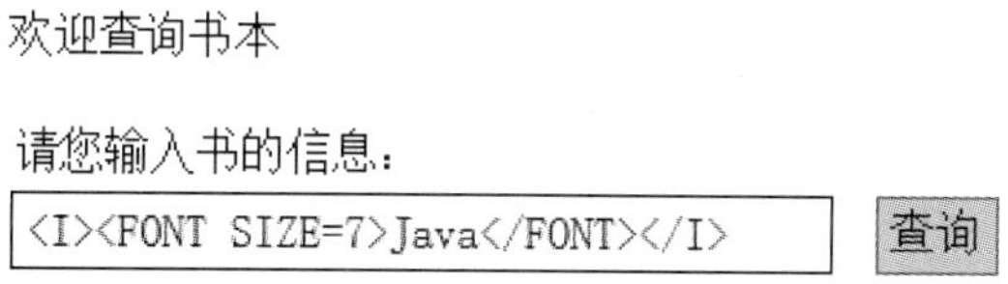

欢迎查询书本

请您输入书的信息：

<I><FONT SIZE=7>Java</FONT></I>

查询

图 5-6　输入数据并查询

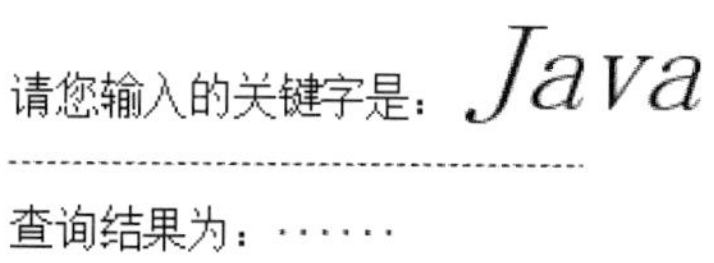

请您输入的关键字是：*Java*

查询结果为：……

图 5-7　显示查询结果

该问题的出现是网站对输入的内容没有进行任何标记检查造成的。打开 QueryResult.jsp 的客户端源代码，显示如图 5-8 所示。

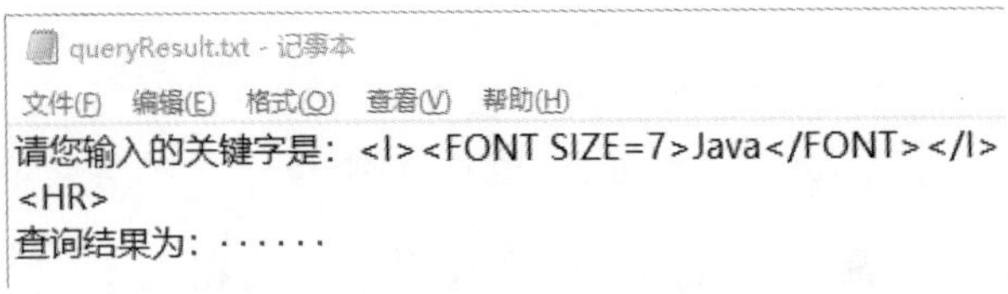
queryResult.txt - 记事本
文件(F) 编辑(E) 格式(O) 查看(V) 帮助(H)
请您输入的关键字是：<I><FONT SIZE=7>Java</FONT></I>
<HR>
查询结果为：……

图 5-8　QueryResult.jsp 源代码

以上只是说明了该表单提交时没有对标记进行检查，还没有起到攻击的作用。为了进行攻击，我们将输入变成脚本，例如：<script>alert（document.cookie）</script>，提交后的结果如图 5-9 所示。

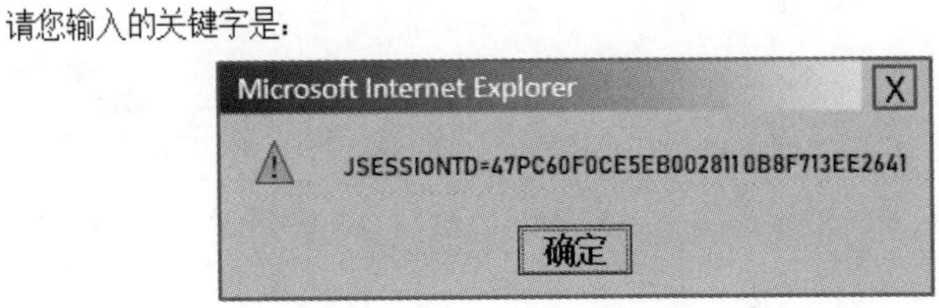

请您输入的关键字是：
Microsoft Internet Explorer
JSESSIONTD=47PC60F0CE5EB0028110B8F713EE2641
确定

图 5-9　显示查询的关键字

消息框中，将当前登录的 sessionId 显示出来了。很显然，该 sessionId 如果被攻击者知道，就可以访问服务器端的该用户 session，获取一些信息。

XSS 攻击的主要危害包括：

（1）盗取用户的各类敏感信息，如账号、密码等。

（2）读取、篡改、添加、删除企业敏感数据。

（3）读取企业重要的具有商业价值的资料。

（4）控制受害者机器向其他网站发起攻击等。

针对以上的 XSS 攻击，应该如何防范？下面主要从网站开发者角度和用户角度来阐述。

1. 从网站开发者角度

根据来自 OWASP（开放应用安全计划组织）的建议，对 XSS 最佳的防护主要体现在以下两个方面：

（1）对于任意的输入数据应该进行验证，以有效防范攻击。也就是说，某个数据被接受之前，必须使用一定的验证机制来验证所有输入数据，如长度、格式、类型、语法等。常见的方法，比如黑名单验证，就是对一些常见的字符，如“<”“>”或类似“script”的关键字进行过滤，效果比较好。不过，该方式也有局限性，很容易被 XSS 变种攻击绕过验证机制。

（2）对于任意的输出数据，要进行适当的编码，防止任何已成功注入的脚本在浏览器端运行。数据输出前，确保用户提交的数据已被正确进行编码，可在代码中明确指定输出的编码方式（如 ISO-8859-1），而不是让攻击者发送一个由他自己编码的脚本给用户。

2. 从网站用户角度

（1）打开一些 Email 或附件、浏览论坛帖子时，操作一定要特别谨慎，否则有可能导致恶意脚本执行。不过，用户也可以在浏览器设置中关闭 JavaScript，如图 5-10 所示，如果是 IE 的话，可以点击"工具"→"Internet 选项"→"安全"→"自定义级别"进行设置。

图 5-10　安全设置

（2）增强安全意识，只信任值得信任的站点或内容，不要信任别的网站发到自己信任的网站中的内容。

（3）使用浏览器中的一些配置等。

5.2.4　CSRF 攻击

跨站请求伪造（Cross-site Request Forgery，CSRF），也被称为"One Click Attack"或者 Session Riding，是一种对网站的恶意利用。虽然和跨站脚本（XSS）相似，但它与 XSS 本质上是不同的。XSS 利用站点内的信任用户，而 CSRF 则通过伪装来自受信任用户的请求利用受信任的网站。与 XSS 攻击相比，CSRF 攻击较少使用（因此对其进行防范的资源也相当稀少）和难以防范，所以被认为比 XSS 更具危险性。

CSRF 攻击原理及过程如下：

（1）用户打开浏览器，访问受信任网站 A，输入用户名和密码请求登录网站 *A*。

（2）在用户信息通过验证后，网站 A 产生 Cookie 信息并返回给浏览器，此时用户登录网站 A 成功，可以正常发送请求到网站 *A*。

（3）用户未退出网站 A 之前，在同一浏览器中打开一个新标签页，访问网站 B。

（4）网站 B 接收到用户请求后，返回一些攻击性代码，并发出一个请求要求访问第三方站点 *A*。

（5）浏览器在接收到这些攻击性代码后，根据网站 B 的请求，在用户不知情的情况下携带 Cookie 信息，向网站 A 发出请求。网站 A 并不知道该请求其实是由网站 B 发起的，所以会根据用户的 Cookie 信息以用户的权限处理该请求，导致来自网站 B 的恶意代码被执行。

为了让读者能够了解 CSRF 攻击，下面介绍一个实例来进行说明：

受害者 Bob 在银行有一笔存款，他对银行的网站发送请求：

```
http：//bank.example/withdraw?account=bob&amount=1000000&for=bob2
```

该请求可以使 Bob 把 1 000 000 的存款转到 bob2 的账号下。通常情况下，该请求发送到网站后，服务器会先验证该请求是否来自一个合法的 Session，并且该 Session 的用户 Bob 是否已经成功登录。

黑客 Mallory 自己在该银行也有账户，他知道上文中的 URL 可以进行转账操作。Mallory 可以自己发送一个请求给银行：

```
http：//bank.example/withdraw?account=bob&amount=1000000&for=Mallory
```

但是这个请求来自 Mallory 而非 Bob，他不能通过安全认证，因此该请求不会起作用。这时，Mallory 想到使用 CSRF 的攻击方式，他先自己做一个网站，在网站中放入如下代码：

```
src=“http：//bank.example/withdraw?account=bob&amount=1000000&for=Mallory”
```

然后通过广告等诱使 Bob 来访问他的网站。当 Bob 访问该网站时，上述 URL 就会从 Bob 的浏览器发向银行，而这个请求会附带 Bob 浏览器中的 Cookie 一起发向银行服务器。大多数情况下，该请求会失败，因为服务器要求 Bob 的认证信息。但是，如果 Bob 恰巧刚访问银行后不久，他的浏览器与银行网站之间的 Session 尚未过期，浏览器的 Cookie 之中就会含有 Bob 的认证信息。这时，这个 URL 请求就会得到响应，钱将从 Bob 的账号转移到 Mallory 的账号，而 Bob 当时毫不知情。等以后 Bob 发现账户钱少了，即便去银行查询日志，也只能发现确实有一个来自他本人的合法请求转移了资金，没有任何被攻击的痕迹，而 Mallory 则可以在拿到钱后逍遥法外。

CSRF 攻击的主要危害包括：

（1）盗取用户的隐私，如账号、密码等。

（2）利用漏洞在用户不知情的情况下做出危害用户信息的行为等。

目前防御 CSRF 攻击主要有三种策略：验证 HTTP Referer 字段；在请求地址中添加 Token 并验证；在 HTTP 头中自定义属性并验证。

1. 验证 HTTP Referer 字段

根据 HTTP 协议，在 HTTP 头中有一个字段叫作 Referer，它记录了该 HTTP 请求的来源地址。在通常情况下，访问一个安全受限页面的请求来自同一个网站，比如需要访问：

http：//bank.example/withdraw?account=bob&amount=1000000&for=Mallory

用户必须先登录 bank.example，然后通过点击页面上的按钮来触发转账事件。这时，该转账请求的 Referer 值就会是转账按钮所在页面的 URL，通常是以 bank.example 域名开头的地址。而如果黑客要对银行网站实施 CSRF 攻击，他只能在他自己的网站构造请求，当用户通过黑客的网站发送请求到银行时，该请求的 Referer 是指向黑客自己的网站。因此，要防御 CSRF 攻击，银行网站只需要对于每一个转账请求验证其 Referer 值，如果是以 bank.example 开头的域名，则说明该请求是来自银行网站自己的请求，这是合法的；如果 Referer 是其他网站的话，则有可能是黑客的 CSRF 攻击，则拒绝该请求。

这种方法显而易见的好处就是简单易行，网站的普通开发人员不需要操心 CSRF 的漏洞，只需要在最后给所有安全敏感的请求统一增加一个拦截器来检查 Referer 的值就可以。特别是对于当前现有的系统，不需要改变当前系统任何已有的代码和逻辑，没有风险，非常便捷。

然而，这种方法并非万无一失。Referer 的值是由浏览器提供的，虽然 HTTP 协议上有明确的要求，但是每个浏览器对于 Referer 的具体实现可能有差别，并不能保证浏览器自身没有安全漏洞。使用验证 Referer 值的方法，就是把安全性都依赖于第三方（即浏览器）来保障，从理论上来讲，这样并不安全。事实上，对于某些浏览器，比如 IE6，目前已经有一些方法可以篡改 Referer 值。如果 bank.example 网站支持 IE6 浏览器，黑客完全可以把用户浏览器的 Referer 值设为以 bank.example 域名开头的地址，这样就可以通过验证，从而进行 CSRF 攻击。

即便是使用最新的浏览器，黑客无法篡改 Referer 值，这种方法仍然有问题。因为 Referer 值会记录下用户的访问来源，有些用户认为这样会侵犯到他们自己的隐私权，特别是有些组织担心 Referer 值会把组织内网中的某些信息泄露到外网中。因此，用户自己可以设置浏览器使其在发送请求时不再提供 Referer。当他们正常访问银行网站时，网站会因为请求没有 Referer 值而认为是 CSRF 攻击，拒绝合法用户的访问。

2. 在请求地址中添加 Token 并验证

CSRF 攻击之所以能够成功，是因为黑客可以完全伪造用户的请求，该请求中所有的用户验证信息都是存在于 Cookie 中，因此黑客可以在不知道这些验证信息的情况下直接利用用户自己的 Cookie 来通过安全验证。要抵御 CSRF，关键在于在请求中放入黑客所不能伪造的信息，并且该信息不存在于 Cookie 之中。可以在 HTTP 请求中以参数的形式加入一个随机产生的 Token，并在服务器端建立一个拦截器来验证这个 Token，如果请求中没有 Token 或者 Token 内容不正确，则认为可能是 CSRF 攻击而拒绝该请求。

这种方法比检查 Referer 要安全一些，Token 可以在用户登录后产生并放于 Session 之中，然后在每次请求时把 Token 从 Session 中拿出，与请求中的 Token 进行比对，但这种方法的难点在于如何把 Token 以参数的形式加入请求。对于 GET 请求，Token 将附在请求地址之后，这样 URL 就变成 http：//url?csrftoken=tokenvalue。而对于 POST 请求来说，要在 form 的最后加上<input type="hidden" name="csrftoken" value="tokenvalue" />，这样就把 Token 以参数的形式加入请求了。但是，在一个网站中，可以接受请求的地方非常多，要对于每一个请求都加上 Token 是很麻烦的，并且很容易漏掉，通常使用的方法就是在每次页面加载时，使用 Javascript 遍历整个 Dom 树，对于 dom 中所有的 a 和 form 标签后加入 Token。这样可以解决大部分的请求，但是对于在页面加载之后动态生成的 HTML 代码，这种方法就没有作用，还需要程序员在编码时手动添加 Token。

该方法还有一个缺点是难以保证 Token 本身的安全。特别是在一些论坛之类支持用户自己发表内容的网站，黑客可以在上面发布自己个人网站的地址。由于系统也会在这个地址后面加上 Token，黑客可以在自己的网站上得到这个 Token，并马上就可以发动 CSRF 攻击。为了避免这一点，系统可以在添加 Token 的时候增加一个判断，如果这个链接是链接到自己本站的，就在后面添加 Token，如果是通向外网则不添加。不过，即使这个 CSRFToken 不以参数的形式附加在请求之中，黑客的网站也同样可以通过 Referer 来得到这个 Token 值以发动 CSRF 攻击。这也是一些用户喜欢手动关闭浏览器 Referer 功能的原因。

3. 在 HTTP 头中自定义属性并验证

这种方法也是使用 Token 并进行验证，但和上一种方法不同的是，这里并不是把 Token 以参数的形式置于 HTTP 请求之中，而是把它放到 HTTP 头中自定义的属性里。通过 XMLHttpRequest 这个类，可以一次性给所有该类请求加上 csrftoken 这个 HTTP 头属性，并把 Token 值放入其中。这样便解决了上面方法在请求中加入 Token 的不便，同时，通过 XMLHttpRequest 请求的地址不会被记录到浏览器的地址栏，也不用担心 Token 会透过 Referer 泄露到其他网站中去。

然而这种方法的局限性非常大。XMLHttpRequest 请求通常用于 Ajax 方法中对于页面局部的异步刷新，并非所有的请求都适合用这个类来发起，而且通过该类请求得到的页面不能被浏览器所记录，从而进行前进、后退、刷新、收藏等操作，会给用户带来不便。另外，对于没有进行 CSRF 防护的遗留系统来说，要采用这种方法来进行防护，要把所有请求都改为 XMLHttpRequest 请求，这样几乎是要重写整个网站，花费的精力以及代价可想而知。

5.2.5 DoS 攻击

DoS（Denial of Service 拒绝服务）的目的是使计算机或网络无法提供正常的服务。最常见的 DoS 攻击有计算机网络带宽攻击和连通性攻击。

DoS 攻击是指故意的攻击网络协议实现的缺陷或直接通过野蛮手段耗尽被攻击对象的资源，其目的是让目标计算机或网络无法提供正常的服务或资源访问，使目标系统服务停止响应甚至崩溃，而在此攻击中并不包括侵入目标服务器或目标网络设备。这些服务资源包括网络带宽、文件系统空间容量、开放的进程或者允许的连接。这种攻击会导致资源的匮乏，无论计算机的处理速度多快、内存容量多大、网络带宽的速度多快都无法避免这种攻击带来的后果。

DoS 攻击，只是一种破坏网络服务的黑客方式，虽然具体的实现方式千变万化，但都有一个共同点，就是其根本目的是使受害主机或网络无法及时接收并处理外界请求，或无法及时回应外界请求。其具体表现方式有以下几种：

（1）制造大流量的无用数据，造成通往被攻击主机的网络拥塞，使被攻击主机无法正常与外界通信。

（2）利用被攻击主机所提供服务程序或传输协议上处理重复连接的缺陷，反复高频地发出攻击性的重复服务请求，使被攻击主机无法及时处理其他正常的请求。

（3）利用被攻击主机所提供服务程序或传输协议的本身实现缺陷，反复发送畸形的攻击数据，引发系统错误的分配大量系统资源，使主机处于挂起状态甚至宕机。

（4）使用"僵尸计算机"进行 DoS 攻击。

僵尸计算机（Zombie Computer），有些人称之为"肉鸡"，是指接入互联网的计算机被病毒感染后，受控于黑客，可以随时按照黑客的指令展开拒绝服务（DoS）攻击或发送垃圾信息。通常，一部被侵占的计算机只是众多僵尸网络里的一环，会被远程控制用来去运行一连串的恶意程序。

DoS 攻击的主要危害包括：

（1）导致目标主机或网络无法提供正常的服务或资源访问。

（2）导致目标系统服务停止响应甚至崩溃等。

DoS 攻击几乎是从互联网诞生以来，就伴随着互联网的发展而一直存在，同时也在不断发展和升级。值得一提的是，要找出 DoS 的工具并不难，黑客群居的网络社区都有共享黑客软件的传统，并会在一起交流攻击的心得经验，用户可以很轻松地从 Internet 上获得这些工具。任何一个上网者都可能构成网络安全的潜在威胁，DoS 攻击给飞速发展的互联网安全带来重大的威胁。

要使系统免受 DoS 攻击，网络管理员要积极且谨慎地维护系统，确保系统无安全隐患和漏洞；而针对恶意攻击的方式则需要安装防火墙等安全设备过滤 DoS 攻击，同时强烈建议网络管理员应当定期查看安全设备日志，及时发现系统的安全威胁。

Internet 支持工具也是其中的主要解决方案之一，包括 SuperStack3 Firewall、WebCache 以及 Server Load Balancer。作为安全网关设备的 3Com SuperStack 3 防火墙在缺省预配置下可探测和防止"拒绝服务"（DoS）以及"分布式拒绝服务"（DDoS）等攻击侵袭，强有力地保护用户网络，使用户免遭未经授权访问和其他来自 Internet 的外部威胁和侵袭，保护服务器免受"拒绝服务"（DoS）攻击。

5.3　小　结

本章介绍了系统非功能设计的内容，包括系统性能设计以及系统安全性设计。至此本书主要内容基本介绍完毕，下一章将根据软件设计工程的现状，借助当前的智能化技术对设计工程未来的发展做进一步的展望。

6 软件设计工程展望

  软件设计是软件开发全生命周期中最重要的环节之一，是软件需求分析的延续，也是软件开发的基础。好的软件设计不仅能够满足需求分析阶段内容的正向推导，而且能够为软件制造打下坚实的基础，有利于提高软件开发全生命周期的效率和质量。

  本章作为本书的最后一个章节，主要是基于软件设计工程的现状，并借助当前的智能化技术对设计工程未来的发展做进一步的展望。主要讲述设计工程的自动化、智能化发展趋势。

  随着人工智能、大数据等相关技术的发展，现如今智能化、自动化相关技术已经被广泛应用于各个领域、行业。例如，在当今的建筑业、制造业等都采用行业加工流水线模式，对该行业的产品进行迭代的流水线加工生产，从而达到提高生产自动化、减少人工投入量、保证产品的一致性等结果。在建筑行业，美国 nTopology 公司设计了软件 Element CAD，使得建筑建模能够实现智能化，此软件以用流行 CAD 建模软件创建的初始 3D 模型为基础，通过创成式算法完成更复杂的设计。也有建筑公司使用 BIM（Building Information Modeling 建筑信息模型）展示了建筑系统智能化的必要性及优势。

  除了建筑业、制造业，软件行业也是一个需要智能化、自动化技术引导的行业。软件设计智能化、自动化一直是软件工程追求的目标之一。本章主要是对软件自动生成、智能化编程等技术进行畅想，探讨以后通过智能化的人机接口实现软件从需求工程概念到产品落地的可行性和必要性，并通过什么样的方式来实现这种设想。

  当今应用软件无所不在，追求高质量和高效率的软件设计是软件工程研究的核心目标。软件经过不断的转化和变革，已经从传统的开发模式转向了基于 SOA 的服务构件开发模式。因此，一个良好的软件设计需要按照当前的软件开发模式的标准进行设计。

  通常来说，软件设计智能化、自动化的理论研究需要有软件设计工具的支撑，才能发挥出强大的力量。在软件设计过程中，能够通过智能搜索、推荐、问答等方式提升软件设计工具的智能化程度，提高软件设计的效率和质量。智能化的软件工具可以基于数据和知识向设计人员提供推荐和智能检索，由此形成"人-工具-数据"融合的新一代软件智能化设计技术体系和环境。

6.1 设计工程元素智能化推导

软件的研制由用户提出需求问题开始，经历软件需求分析、设计、制造、测试和维护等阶段。这些阶段是一系列描述的演变，从最初的需求问题描述逐步精化，直到能用某一特定语言描述如何实现这一目标。软件设计智能化、自动化旨在使这一转换过程智能化、自动化，使软件设计者以更自然的方式进行开发。利用软件自动设计工具，可以在设计过程中减少许多人为错误，提高所要实现的软件的可靠性，并可以大大缩短软件研制的周期，节省人力和机器等多种资源。

软件设计根据需求分析的结果，对整个软件系统进行设计，主要包括软件的结构设计、数据设计、接口设计和过程设计。

结构设计：定义软件系统各主要部件之间的关系。

数据设计：将模型转换成数据结构的定义。

接口设计：软件内部、软件和操作系统间以及软件和人之间如何通信。

过程设计：系统结构部件转换成软件的过程描述。

从结构上看，软件设计一般分为概要设计和详细设计。

概要设计：设计人员需要对软件系统进行概要设计。概要设计需要对软件系统的设计进行考虑，包括系统的基本处理流程、系统的组织结构、模块划分、功能分配、接口设计、运行设计、数据结构设计和出错处理设计等，确定软件系统的总体布局，各个子模块的功能和模块间的关系以及与外部系统的关系，选择的技术路线，为软件的详细设计提供基础。

详细设计：在概要设计的基础上，设计人员需要进行软件系统的详细设计。详细设计会描述实现具体模块所涉及的主要算法、数据结构、类的层次结构及调用关系，并需要说明软件系统各个层次中的每一个程序（每个模块或子程序）的设计考虑，以便进行编码和测试。在此过程中，应当保证软件的需求完全分配给整个软件。详细设计应当足够详细，能够根据详细设计报告进行编码。详细设计是对概要设计的进一步细化，一般由各部分的设计人员依据概要设计分别完成，然后再集成，是具体的实现细节。详细设计是"程序"的蓝图，用来确定每个模块采用的算法、数据结构、接口的实现、属性、参数。

无论是概要设计还是详细设计，从上述内容的描述中，我们能够清楚地知道在系统设计过程中需要得到的各要素。由前面章节可以得出，设计得到的各元素都需要与后续制造工程的子系统、模块、服务、工作流、界面、数据库等相对应。

软件设计工程元素智能推导主要是将需求分析阶段得到的各个要素按照一定的规则智能化推导为系统设计阶段所必需的元素。例如：需求分析阶段的业务对象、系统对象，按照一定的规则进行推导后将会形成与数据库相关的实体对象。在需求分析过程中得到的系统场景图，经过线上线下的系统情景分析后，在设计阶段能够分析推导出工作流程图，此工作流程图能够在软件开发过程中，被进一步的分析转换，形成真正的软件开发工作流。除了刚刚举例描述的元素外，剩余的设计元素都能够按照一定规则从需求分析中的元素推导得出。

软件设计元素智能化推导技术的关键是在系统设计的整个环节，对每一个必要的元素实现"正向可推导，反向可追溯"。在需求分析确定了关键要素后，通过关联分析，能够将后续系统设计阶段的各个元素自动推导生成。在此智能化推导过程完成后，设计人员只需要根据实际的业务场景，对自动生成的设计各个元素进行微调即可。

根据上面描述可得，设计元素智能化推导技术的核心关键是建立从需求分析到系统设计，其中各元素之间的关联关系。此关联关系可以通过元素关联矩阵作为基础进行延展。元素关联矩阵从各个角度分别描述了两个元素在不同维度上的推导关系和过程，此矩阵的形成不仅需要数据挖掘技术的分析，而且还要有经验丰富的设计人员作为辅助进行修改评测，使其能够达到通用的程度。此模板在某些通用推导元素的基础上，还与基于不同行业业务的特定元素关联。最终形成的所有元素关联矩阵能够作为模板内置到软件设计平台中，此模板是可供设计人员选择一个通用设计元素推导模板或者一个通用设计元素推导模板和多个特性设计元素推导模板的组合。

设计人员在使用软件设计平台进行系统设计时，只需要根据设计平台中提供的各类模板，选择特定的元素关联推导模板后，设计平台就能智能化地自动生成所推导的设计元素。此设计元素包含了与需求分析中同元素的传递参数，以及基本的设计单元，设计人员根据生成的设计方案，再结合实际情况修改完成系统设计。为了保证软件设计整个过程的规范和统一，在此过程中，软件设计平台还需要满足软件设计的原则，例如依赖倒置原则、开放封闭原则、单一职责原则、接口隔离原则、里式替换原则、迪米特法则等。因此，软件设计平台还需在工具中内置所有的软件设计原则检验方法，使得智能化推导出的元素能够满足上述基本原则。

为了得到上述的元素推导矩阵，需要数据挖掘和人工智能技术的支撑。经过时间的积累以及项目的沉淀，需求知识库中将会存放着各种行业各种业务类型的需求分析文档及需求分析过程数据。在此基础上，需要经过以下的步骤，最终得到元素关联矩阵。

（1）需要使用分类技术，将不同行业的需求知识进行归类，并为每类的需求知识定义标签。

（2）针对同一类别的需求知识，借助数据挖掘技术中的关联分析技术，分析挖掘出在同一行业或领域下，需求各元素与设计各元素之间的关联关系，此关联关系包括了直接关联程度、间接关联程度等。

（3）针对不同的行业需求知识，分析各个行业的共性和特性，并分别进行信息提取。将共性提取出作为通用的元素关联推导，将特性提取出作为特性的元素关联推导。

（4）将获取到的通用的元素关联推导和特性的元素关联推导分别进行标记并存放在设计平台的模板库中，供后续的使用和完善。

除了上述描述的元素关联矩阵外，软件设计平台可以使用推荐技术和向导技术作为辅助支撑。

在设计人员使用设计平台过程中，除了元素的智能化推导结果，设计平台还提供设计元素推荐功能，能够在设计人员对系统进行设计时，针对实际的设计场景，智能化地为用户推荐设计元素、元素参数信息、元素之间流程关联等，并且还实现了关联性报错机制。当相互关联的元素信息不一致时，工具会给出错误提示，并在工具中以红叉的方式标记。此外，当设计人员使用了不符合规则的设计元素时，平台能够进行报错提示，并能够提示可能出错的相关联设计元素。

在系统设计的分析过程中，对于每一个跨越性阶段，设计平台能够智能化的为设计人员提供系统设计分析向导，以可视化的方式告诉设计人员当前阶段完成后，需要进行哪一部分的设计。此种模式能够帮助设计分析人员快速、便捷、无误地进行系统设计。

为了满足软件设计过程是对智能化、自动化更好的延伸和体现，对其发展也可以借鉴"加工流水线"思想，将系统设计分为不同的设计模块，对系统设计进行结构化设计模块组合，每个设计人员只需负责自己专业的特定设计模块，而不管其余部分，达到"高内聚、低耦合"的特点。最终，将设计人员各自负责的设计模块按照规则进行组合装配即能实现一个完整的系统设计。

6.2 设计工程产物自动化

在软件设计阶段，除了对设计工程中各个元素的推导分析，还需要对整个设计分析过程形成的书面文档进行描述。文档是设计分析过程的载体和实现，是确保正确完成工作的最有用工具之一，能够帮助设计人员在浪费大量时间实施错误解决方案或解决错误问题之前获得正向反馈。接下来讨论设计工程的产物——系统设计分析报告的自动化。

软件设计自动化是在软件研制过程中将仍由手工进行的某些阶段加以自动化的技术。传统的设计文档的形成是依赖于设计人员的手工编写，不同的设计人员编制出的设计文档具有不同的格式，不利于统一的维护、管理和查看。因此，自动生成设计文档是至关重要的，不仅能够减少需求分析人员的实际工作量，规范设计文档的格式和内容，还能够帮助软件开发人员加深对设计的理解和分析。

软件设计的最终产物是软件设计说明书，设计平台借助语义分析技术获取设计文档表达的真实含义，在平台中以可视化方式来智能化显示出系统设计结果。在此过程中，需要使用标记和标签等相关技术，共同发挥作用。

软件设计说明书的自动化需要软件设计说明书模板的支撑，基于设计文档模板，设计人员只需对模板中的缺失项填空即可完成设计报告。设计平台在自动生成软件设计说明书的过程中发挥着重要的作用。

设计文档模板按照国标的要求内置在设计平台中，包含了国标中要求的各个元素。

设计人员在使用设计平台时，在平台上会完成整个设计分析过程，当用户将相关信息一步一步地录入到设计平台并完成设计分析的整个过程后，只需要点击"完成"按钮，平台将会自动生成软件设计文档，用户在拿到设计文档后，只需要对文档中的内容进行检查、微调即可交付。

由于设计平台中内置了多种样式的设计文档模板，设计人员可以随意选择模板，生成对应的设计说明文档。此种方式使软件设计文档的自动化生成具有广泛的适用性。

根据不同行业的特性，可以针对不同行业设置不同行业的设计文档模板，并将模板打上标签存放在设计模板库中。随着时间的累积，设计模板库中将会存放越来越丰富的内容，有利于模板知识库的迭代和通用性发展。

6.3　软件智能化畅想

人工智能相关技术的出现对未来的智能化发展带来了理论和技术基础，本小节会简单描述在未来极有可能实现的软件智能化。

6.3.1　人机接口的转变

目前常见的人机接口载体为键盘、鼠标、触摸屏、智能设备等，通过这些载体可以键入文字与他人交流，向智能终端发送语音与硬件交互等。随着科技的发展，未来可能达到的一种情景是利用人类的脑电波来进行这种交互，即通过相关人机接口读取人类大脑的脑电信号，让该信号转换为目前人类通常使用的交互媒介，从而达到人机交互的终极目标：通过意念，达到交流。

目前已有相关研究机构和研究人员在对运用脑电信号与计算机进行交互的方向进行实验研究，例如清华大学的脑机接口实验室便针对该内容进行了相关研究。该研究通过提取人在观察文本信号过程中，脑电信号的不同变化来做出决策，然后让脑电信号的变化与对应文本进行映射。当人脑出现某种脑电信号时，则表示脑中在想某个文本信息，进而可达到"意念"转文本的转换过程。在未来，当这种人机交互技术完善后，就可以帮助一些行动不方便的人们，直接通过意念与计算机进行交互，进而与人交流。

不过，由于目前人工智能相关技术在此方面的进展还不突出，因此这种人机接口转变的实现还需要大量的理论和实验的支撑。

6.3.2　机器编程的未来

随着人工智能的兴起，机器学习相关技术应用于各行各业，为人类的生活带来了便利，使人们的生活变得更加智能。运用人工智能技术在软件代码自动生成领域也有一些研究，来自 Bloomberg 和 Intel 研究者在 *AI Programmer: Autonomously Creating Software Programs Using Genetic Algorithms* 论文中声称实现了世界上首个自动编程机器人，这个机器人系统叫作"AI Programmer"，它能够达到初级程序员的编程水平。具体而言，该 AI 系统以遗传算法（GA）为核心，加上紧密约束的编程语言，实现程序自动代码编程。

从技术与社会长远发展的角度看，使用机器进行自动编程的想法终将得到工业界的广泛应用并被普及。但是就目前的发展来看，短时间内机器还是较难取代人工实现编程的。不过我们确实看到了自动编码的发展趋势，相信今后会有更多的研究进展帮助我们揭晓答案。

6.4 软件智能化生产

基于人工智能相关技术，结合本书讲解的软件设计方面的知识，下面来探讨如何设计一套可行性较强的软件智能化生成方案。

智能的人机接口为编程带来出发点，机器编程为软件自动生成带来驱动力。其中机器自动编程是重点，人机交互是升华。

本书有讲到构件设计，服务设计、页面设计等内容，在这些功能设计时对其定义各种标签，标签内容包括行业信息、功能需求信息、程序语言信息、个性化信息等属性。当这种标签数据不断积累并形成一定量的情况下，通过机器学习分析则可以实现一些比较智能化的应用。

这些智能化应用主要包括如下的应用场景：

1. 页面、构件、服务的智能化推荐

在实际编程过程中，要解决某个技术问题，不知道如何下手，可以通过关键词搜索，让设计工具智能推荐合适的技术方案，即推荐通过机器学习分析后围绕该关键词的最佳实践案例。

2. 功能集推荐

软件的功能需求是由功能点构成，功能点又包括技术点。对功能需求的描述一般是一个完整的语句，通过语义分析，将功能需求的文本拆分成"主、谓、宾、定、状、补"，将名词转化为需求输入或者输出的数据，将动词转化为需要进行的逻辑操作，将形容词转化为特性、性能的限定。经过这样的转化之后，利用智能化开发工具，就能快速地对一个功能需求进行响应。设想一下，当输入一段语句"招投标项目申报数据批量持久化到 Mysql 数据库"时，系统可以拆分出的关键词为：招投标项目（名词）、数据（名词）、批量（形容词）、持久化（动词）、Mysql（名词）、数据库（名词）。那么经过智能化处理，可以达到的自动化过程如下：招投标项目的数据输入界面产生，批量导入数据的服务构件被推荐，将数据保存到 Mysql 数据库而不是 Excel 文档。

3. 业务需求的一体化实现

为快速完成业务需求，可以通过将需求文档作为输入源，经过智能化分析加工后，运用设计工具可直接导出设计图，甚至参考代码等。

利用上述的这种方式设计产生的软件，随着使用量的上升，推荐模型、自动化模型将更加完善。另外，开发人员在实际项目中会人工做出一些决策（选择合适的构件、服务、页面等），进而将机器学习引入监督学习因素，能让推荐更准确，自动化更智能。

6.5 小结

本章主要对设计工程的智能化、自动化进行了展望。将智能化、自动化等相关技术运用在软件设计阶段，为设计人员减少工作量，提高软件设计人员在软件设计阶段的设计效率。

附录　术语及词汇

服务：是一系列业务功能的集合，将某一个业务功能通过服务的方式暴露出来，供外部应用访问。服务可以用多种形式的访问协议进行访问，比如 Web Service，JMS，Stateless Session Bean 等。

服务引用：构件的功能由其他构件的服务提供，在构件环境中通过引用来进行指定。在运行时，根据配置找到引用对应的服务，并注入构件实现当中，类似依赖注入。

服务参数：对构件实现的字段设置默认值，在构件环境运行时，会把值注入相应的字段中。

服务接口：接口定义了服务对外提供的功能范围，描述了服务所包含的操作以及操作的参数。服务装配支持两种接口的描述形式：Java Interfaces 和 WSDL PortType。

绑定：绑定定义了服务生产和消费的方式，以及访问服务所采用的协议。绑定可以分为服务绑定和引用绑定，服务绑定描述了客户端可以使用什么样的机制来调用服务，引用绑定描述了采用什么机制来调用外部的服务。

服务实现：构件的实现是构件服务功能的具体实现，SCA 规范支持各种各样的构件实现方式，如 Java 实现、C#实现、Python 实现等。SCA 4.0 目前只支持 Java，Composite 文件以及核格平台的逻辑构件。

服务装配：将一组具有业务上相互联系的构件组织到一个组合构件（Composite）中，在这个组合构件中定义构件的服务、引用关系、构件的实现等，这个过程称为装配。

业务逻辑：业务处理的流程。

参考文献

[1] 毛新生. SOA 原理·方法·实践[M]. 北京：电子工业出版社, 2007.

[2] Erl T. SOA 服务设计原则[M], 郭耀, 译. 北京：人民邮电出版社, 2009.

[3] 张海藩. 软件工程导论[M]. 北京：清华大学出版社, 2008.

[4] 王紫瑶, 南俊杰, 段紫辉, 等. SOA 核心技术及应用[M]. 北京：电子工业出版社, 2008.

[5] 王磊. 微服务架构与实践[M]. 北京：电子工业出版社, 2016.

[6] 余浩, 朱成, 丁鹏. SOA——构建基于 Java Web 服务和 BPEL 的企业级应用[M]. 北京：电子工业出版社, 2008.

[7] Daigneau R. 服务设计模式：SOAP/WSDL 与 RESTful Web 服务设计解决方案[M]. 姚军, 译. 北京：机械工业出版社, 2013.

[8] Pressman R S. 软件工程实践者的研究方法[M], 郑人杰, 马素霞, 译. 北京. 机械工业出版社, 2009.

[9] 李林锋. 分布式服务框架原理与实践[M]. 北京：电子工业出版社, 2016.

[10] 温昱. 软件架构设计[M]. 北京：电子工业出版社, 2015.

[11] Newman S. 微服务设计[M]. 崔力强, 张骏, 译. 北京：人民邮电出版社, 2016.

[12] 李勇. 分布式 Web 服务发现机制研究[D]. 北京：北京邮电大学, 2007.

[13] 顾志峰, 李涓子, 胡建强, 等. Web 服务之间数据关联的建模与应用[J]. 计算机学报, 2008, 31(8): 3-21

[14] 梁栋. Java 加密与解密的艺术[M]. 北京：机械工业出版社, 2010.

[15] Gourley D. Toty B, et al. HTTP 权威指南[M]. 阵洲, 赵振平, 译. 北京：人民邮电出版社, 2012.

[16] 魏兴国. 深入浅出 Dos 攻击防御[M/OL]. http: //www. programme. com cn/12874.

[17] 王志海, 重新海, 沈寒辉. OPpenSSL 与网络信息安全——基础、结构和指令[M]. 北京：清华大学出版社, 北京交通大学出版社, 2007.

[18] 刘鹏. 实战 Hadoop——开启通向云计算的捷径[M]. 北京：电子工业出版社, 2011.

[19] Chandr P, Messier M, Viega J. Network Scurity with Open SSL[J] O'Reilly, 2002: 1326

[20] White T. Hadoop 权威指南[M]. 曾大助, 周做英, 译. 北京: 清华大学出版社, 2010.

[21] 林昊. 分布式 Java 应用基础与实践[M]. 北京: 电子工业出版社, 2010.

[22] MeCandes M, Hatcher E, Gospodnetic O. Lucene in Action [M]. 2 版. Manning Publications Co., 2010.

[23] Sayde B, Bosanac D, Davics R. ActiveMQ in Action[M]. Manning Publications Co., 2011.

[24] Schwartz B, JZisev J, JTacenko V. 高性能 MySQL[M]. 3 版. 宁海元, 等译. 北京: 电子工业出版社, 2013.

[25] 郭欣. 构建高性能 Web 站点[M]. 北京: 电子工业出版社, 2009.

[26] Goetz B, Peierls T, Bloch J, Bowbeer J, Holmes D, lea D. Java 并发编程实战[M]. 童云兰, 等译. 北京: 机械工业出版社, 2012.

[27] Blum R Linux 命令行和 shell 脚本编程[M]. 苏丽, 张妍情, 候晓敏, 等译. 北京: 人民邮电出版社, 2009.

[28] 毛新生, 金戈. 以服务为中心的企业整合[EB/OL]. [2005-12-27]. http: //www. Ibm. com/developerworks/cn/webservices/ws-soil.

[29] 金戈, 姚辉, 赵勇, 谭佳. SOA 快速指南 123, 第 2 部分服务建模[EB/OL]. [2006-12-26]. http: //www. ibm. com/developerworks/cn/webservices/0610_jinge/.